1. Maßstäbliches Vergrößern und Verkleinern – Ähnlichkeit

Maßstab

1. Julia bekommt im neuen Haus ein eigenes Zimmer. Der Architekt hat einen Plan des Hauses gezeichnet. Julias Vater sagt zu ihr:
„Alle Zimmer sind im Maßstab 1 : 100 (gelesen: *eins zu hundert*) gezeichnet. Das bedeutet, dass 1 cm in der Zeichnung in Wirklichkeit 100 cm (also 1 m) sind.“ Julia möchte die Maße ihres Zimmers wissen. Sie legt eine Tabelle an.
Ergänze die Tabelle.

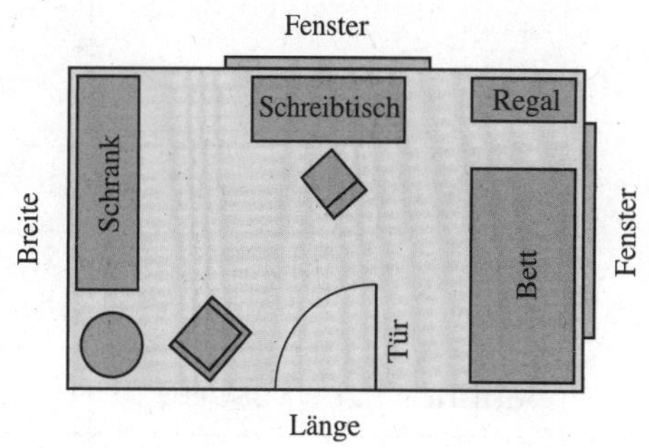

		Länge	Breite	Fenster-breite	Schreib-tischlänge	Schrank-länge	Bettbreite
Zeichnung	1 cm	5 cm					
Wirklichkeit	1 m						

2. Das Rechteck rechts ist auf einem Bauplan im Maßstab 1 : 100 dargestellt.

Länge des Rechtecks in der Wirklichkeit: __________

Breite des Rechtecks in der Wirklichkeit: __________

3. Das Rechteck rechts ist dargestellt im Maßstab 1 : 50.

Zeichnung	Wirklichkeit
1 cm	50 cm
__________	__________
__________	__________

Länge in der Wirklichkeit: __________________

Breite in der Wirklichkeit: __________________

4. Ein Rechteck ist 8 m lang und 5 m breit. Es soll gezeichnet werden

a) im Maßstab 1 : 100.
Länge der Zeichnung:
____
Breite der Zeichnung:
____

b) im Maßstab 1 : 50.
Länge der Zeichnung:
____
Breite der Zeichnung:
____

c) im Maßstab 1 : 200.
Länge der Zeichnung:
____
Breite der Zeichnung:
____

5. Der Ausschnitt aus einem Stadtplan ist im Maßstab 1:10000 gezeichnet.
Bestimme die Länge folgender Wege und trage sie in die Tabelle ein.

Länge des Weges	Plan	Wirklichkeit
	1 cm	10000 cm = m
Schule (S) – Turnhalle (T)		
Kindergarten (K) – Turnhalle		
Bahnhof (B) – Post (P)		
Kindergarten – Schule		
Schule – Bahnhof		

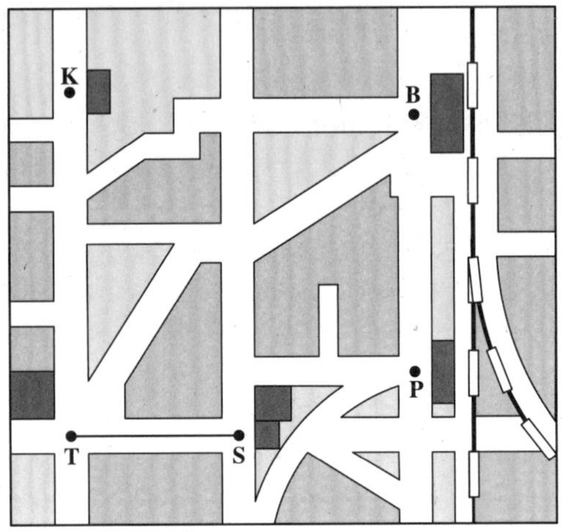

6. Die Landkarte hat den Maßstab 1:3000000.
Bestimme die angegebenen Entfernungen (Luftlinie) und trage sie in die Tabelle ein.

Entfernung	Karte	Wirklichkeit
	1 cm	3000000 cm = km
Berlin – Magdeburg		
Halle – Jena		
Gera – Erfurt		
Erfurt – Weimar		
Dessau – Halle		
Altenburg – Weimar		

7. Fülle die Tabelle aus.

a) Maßstab 1:25000 (Messtischblatt)

Karte	Wirklichkeit
1cm	250 m
5 cm	____
8 cm	____
____	750 m
____	4 km
____	5 km

b) Maßstab 1:50000 (Wanderkarte)

Karte	Wirklichkeit
1 cm	500 m
4 cm	____
6 cm	____
____	2500 m
____	5 km
____	8 km

c) Maßstab 1:200000 (Straßenkarte)

Karte	Wirklichkeit
1 cm	2 km
8 cm	____
20 cm	____
____	10 km
____	18 km
____	25 km

8. Ein Rechteck ist 6,5 km lang und 2,5 km breit.
Zeichne es im Maßstab 1 : 100 000.

9. Bestimme den Maßstab.

a)

	Karte	Wirklichkeit	
	5 cm	2 m = ___ cm	
: 5	1 cm	______	: 5

Maßstab: ______

b)

Karte	Wirklichkeit
3 cm	3 km
1 cm	______

Maßstab: ______

c)

Karte	Wirklichkeit
4 cm	1 km
1 cm	______

Maßstab: ______

10. Man kann einen Maßstab auch benutzen, um Gegenstände vergrößert darzustellen. Im Bild unten siehst du die Zahnräder einer Armbanduhr im Maßstab 3 : 1 (dreifach vergrößert). Sie sind auf dem Bild zusammen 42 mm groß. Wie groß sind sie in der Wirklichkeit?

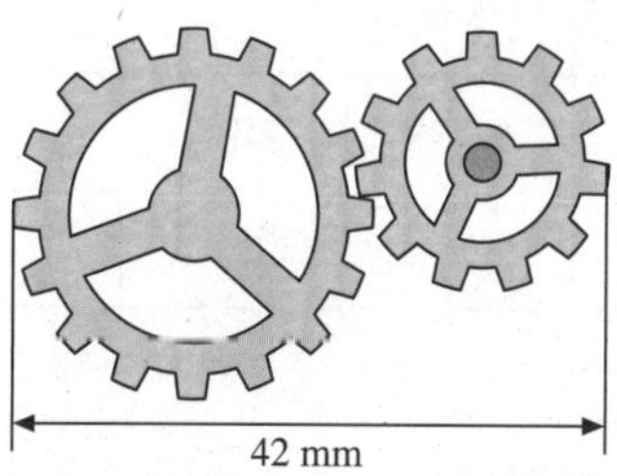

Bild	Wirklichkeit
3 mm	1 mm
42 mm	______

Größe in der Wirklichkeit: ______

11. In einem Biologiebuch ist ein Diestelfalter-Ei in fünfundzwanzigfacher Vergrößerung (Maßstab 25 : 1) dargestellt.

Bild	Wirklichkeit
25 mm	1 mm
______	______

Antwort: ______

12. Wie lang ist der Blauwal, wie lang ist die Fliege (ohne Fühler) in der Wirklichkeit?

Wirkliche Länge: ______

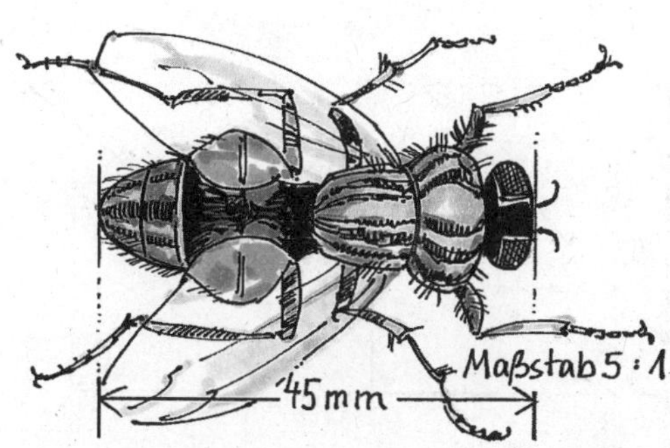

Wirkliche Länge: ______

Vergrößern und Verkleinern

1. Auf Karten wird stets auch der Maßstab angegeben. So lassen sich Entfernungen zwischen zwei Orten leicht bestimmen.
Finde die richtigen Werte.

	a)	b)	c)	d)	e)
Maßstab	1 : 25 000	1 : 50 000	1: 200 000		
Bildstrecke			4 cm	15 cm	2,7 cm
Originalstrecke	750 m	10 km		15 km	8100 m

2. Mithilfe des Zooms können wir beim Arbeiten mit dem Computer die Bildschirmanzeige vergrößern bzw. verkleinern. Dafür stehen verschiedene Prozentsätze zur Auswahl. Bestimme die entsprechenden Maßstäbe.

	a)	b)	c)	d)	e)	f)	g)	h)
Prozentsatz	500 %	200 %	150 %	100 %	75 %	50 %	25 %	10 %
Maßstab				1 : 1				

3. Modellbahnen sind originalgetreue maßstäbliche Nachbildungen der Originale. Es gibt sie in den Spuren HO, TT und N. Fahrzeuge und Gebäude sind maßstabsgetreu nachgebaut.

	Original	Spur HO 1 : 87	Spur TT 1 : 120	Spur N 1 : 160
Spurweite	1435 mm			
Länge einer Lok		213 mm		
Höhe eines Wohngebäudes			50 mm	

4. Färbe die Dreiecke I und II in unterschiedlichen Farben.
Markiere alle Dreiecke, die maßstäbliche Vergrößerungen bzw. Verkleinerungen sind, mit derselben Farbe.

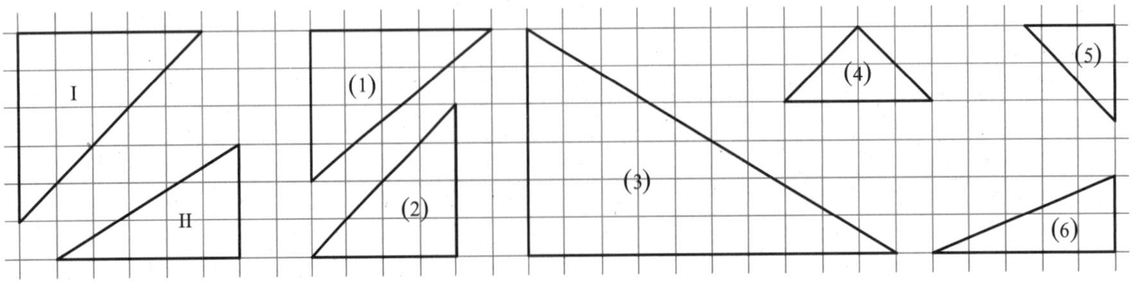

5. a) Zeichne die Figur rechts doppelt so groß. Du musst jede Streckenlänge verdoppeln *(Vergrößerungsfaktor* k = 2).

b) Zeichne die Figur halb so groß. Du musst jede Streckenlänge halbieren *(Verkleinerungsfaktor* $k = \frac{1}{2}$).

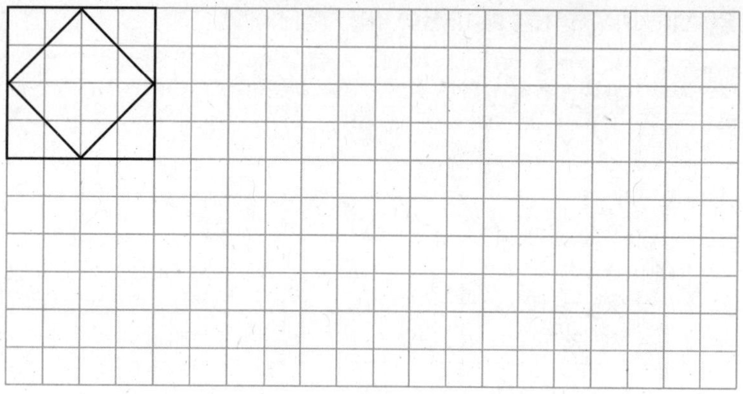

6. a) Um die Figur B zu erhalten, muss man die Figur A vergrößern mit dem Faktor

k = ____________.

b) Um die Figur C zu erhalten, muss man die Figur A vergrößern mit dem Faktor

k = ____________.

c) A erhält man aus B durch Verkleinern mit dem Faktor

k = ____________.

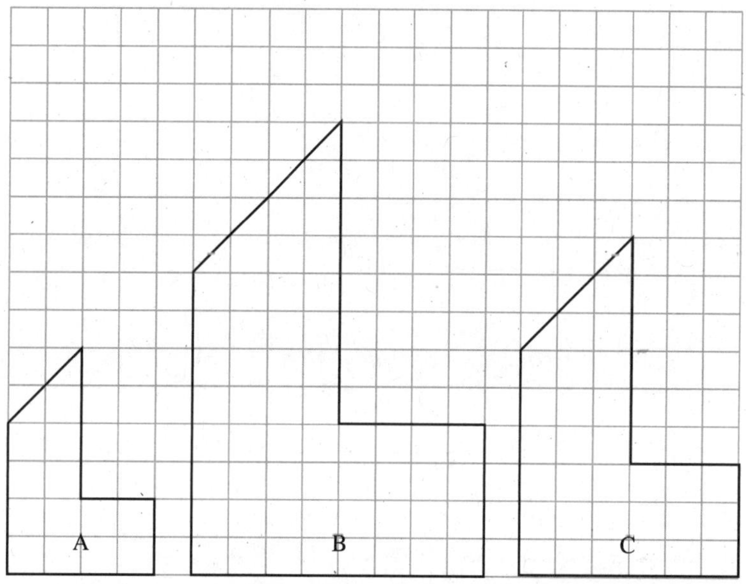

d) A erhält man aus C durch ____.

e) B erhält man aus C durch ____.

7. Vergrößere diese Figur mit dem Faktor k = 2.

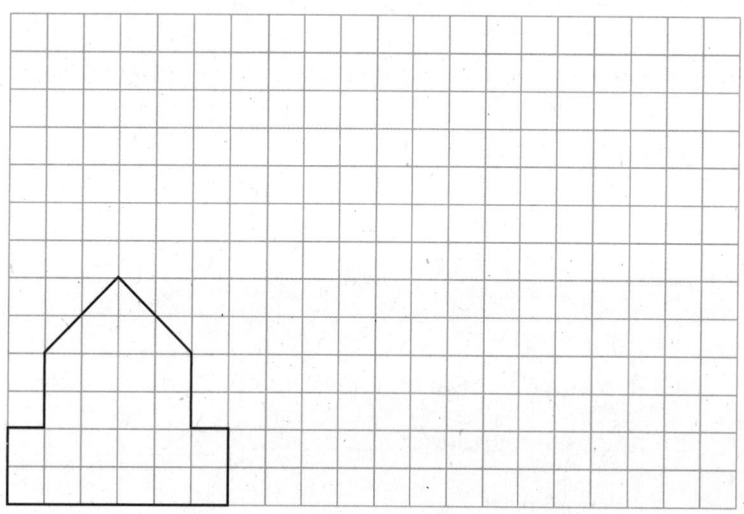

8. Vergrößere die Figur mit dem Faktor 2.

Flächeninhalt bei zueinander ähnlichen Figuren

1. a) Konstruiere das rechtwinklige Dreieck ABC mit c = 3 cm, α = 90° und b = 2 cm.
Vergrößere das Dreieck im Maßstab 1 : 3.

A

A’

b) Berechne den Flächeninhalt von beiden Dreiecken und vergleiche.

Flächeninhalt ABC: ______________________________

Flächeninhalt A’B’C’: ______________________________

Vergleich: ______________________________

2. Potenzen – Arbeiten mit Variablen

Gleichungen ohne Klammern

1. Löse die Gleichung. Überprüfe deine Lösung durch eine Probe.

a) $a + 12 = 37$ | − 12 | − ☐

$a =$ ☐

linke Seite — Probe: lS: ☐ + 12 = ____ *rechte Seite* — rS: 37

L = {________}

c) $7x - 8 = 27$ | + ☐ | : ☐

____ = ____

____ = ____

Probe: lS: ________ rS: ________

L = ________

b) $3x + 5 = 17$ | − ☐ | : ☐

$3x =$ ☐

$x =$ ☐

Probe: lS: ________ rS: ________

L = ________

d) $\frac{x}{3} = 14$ | ☐

____ = ____

Probe: lS: ________ rS: ________

L = ________

2. Löse die Gleichung.

Zusammenfassen

a) $5r - 32 + 7r + 11 = 63$

$12r - 21 = 63 \quad | +21$

$12r = 84 \quad |$

____ = ____

Probe: lS: ________ rS: ________

____

c) $83 - 17y - 25 + 6y = 14$

________ = ________

________ = ________

________ = ________

________ = ________

Probe: ________________

____

b) $15m + 44 - 7m - 16 = 32$

________ = ________

________ = ________

________ = ________

________ = ________

Probe: ________________

____

d) $4x + 18 - x - 4 = 13$

________ = ________

________ = ________

________ = ________

________ = ________

Probe: ________________

____

Gleichungen mit Klammern

1. Löse die Gleichung.

Klammer auflösen

a) $5x - (3x + 14) = 26$

$5x - 3x - 14 = 26$ | ☐

$2x - 14 = 26$ | ☐

_______ = ____ | ☐

x = ☐

Probe: lS: 5 · ☐ – (3 · ☐ + 14) = ___

rS: ______________

L = ______________

b) $(81m + 23) - 16m = 153$

_______ = ____

_______ = ____

_______ = ____

_______ = ____

Probe: ______________

____

c) $64 + (-8y - 19) = 101$

_______ = ____

_______ = ____

_______ = ____

_______ = ____

Probe: ______________

____

d) $3 - (6p + 11) + 2p = 0$

_______ = ____

_______ = ____

_______ = ____

_______ = ____

Probe: ______________

____

e) $a - 54 - (6a + 23) = 43$

_______ = ____

_______ = ____

_______ = ____

_______ = ____

Probe: ______________

____

____

f) $7s - (-3s - 22) + 50 = 12$

_______ = ____

_______ = ____

_______ = ____

_______ = ____

Probe: ______________

____

g) $14 + (6x + 3) = 5 + 4x$

_______ = ____

_______ = ____

_______ = ____

_______ = ____

Probe: ______________

____

h) $(5q - 13) - 2 - 7q = 4q + 3$

_______ = ____

_______ = ____

_______ = ____

_______ = ____

Probe: ______________

____

2. Bestimme die Lösung der Gleichung.

a) $3 \cdot (5x + 4) = 42$

$15x + 12 = 42 \quad | \square$

$15x = \_\_\_\_ \quad | \square$

$x = \square$

Probe: lS: $3 \cdot (5\square + 4) =$ ____________

rS: ____________

L = ____________

b) $7 \cdot (y - 3) = 21$

____________ = ______

____________ = ______

____________ = ______

____________ = ______

Probe: ____________

____

c) $4(3x - 5) + 2 = 6$

____________ = ______

____________ = ______

____________ = ______

____________ = ______

Probe: ____________

____

d) $26 = 18 + 2(m + 3)$

______ = ____________

______ = ____________

______ = ____________

______ = ____________

Probe: ____________

____

e) $6(2s + 3) - 4s = 82$

____________ = ______

____________ = ______

____________ = ______

____________ = ______

Probe: ____________

____

____

f) $4a + 3(a - 9) = -6$

____________ = ______

____________ = ______

____________ = ______

____________ = ______

Probe: ____________

____

g) $10r - 4(2r + 8) = 4$

____________ = ______

____________ = ______

____________ = ______

____________ = ______

Probe: ____________

____

h) $35 = 25 - 4(a + 2)$

______ = ____________

______ = ____________

______ = ____________

______ = ____________

Probe: ____________

____

Potenzen und Vorsätze

1. Schreibe als Potenz und berechne.

a) $2 \cdot 2 \cdot 2 \cdot 2 \cdot 2 \cdot 2 =$ **b)** $(-3) \cdot (-3) \cdot (-3) =$ **c)** $\frac{1}{5} \cdot \frac{1}{5} \cdot \frac{1}{5} =$

2. Berechne.

a) $6^3 =$ **b)** $5^4 =$ **c)** $\left(\frac{1}{3}\right)^3 =$ **d)** $0{,}5^2 =$ **e)** $(-4)^3 =$ **f)** $(-2)^4 =$

3. Berechne ohne Taschenrechner.

a) $3^{-2} =$ **b)** $5^{-3} =$ **c)** $(-2)^{-4} =$ **d)** $0{,}5^{-2} =$ **e)** $\left(-\frac{1}{2}\right)^{-2} =$ **f)** $(-3)^{-3} =$

4. Berechne mit dem Taschenrechner. Runde auf fünf Stellen nach dem Komma.

a) $4^{-5} =$ ______ **b)** $(-3)^{-6} =$ ______ **c)** $2{,}7^{-3} =$ ______

5. Schreibe mit abgetrennter Zehnerpotenz.

a) 78 500 = ______ **c)** 28 433 = ______

b) 9 245 000 = ______ **d)** 2 435 = ______

[$34\,785 = 3{,}4785 \cdot 10^4$]

6. Schreibe ohne Zehnerpotenz.

a) $3{,}2 \cdot 10^5 =$ ______ **c)** $7{,}82 \cdot 10^4 =$ ______

b) $2{,}85 \cdot 10^3 =$ ______ **d)** $7{,}25 \cdot 10^2 =$ ______

[$4{,}32 \cdot 10^3 = 4320$]

7. Schreibe mit abgetrennter Zehnerpotenz.

a) 0,0023 = ______ **c)** 0,00042 = ______

b) 0,00407 = ______ **d)** 0,010003 = ______

[$0{,}0078 = 7{,}8 \cdot 10^{-3}$]

8. Schreibe ohne Zehnerpotenz.

a) $3{,}2 \cdot 15^{-5} =$ ______ **c)** $7{,}85 \cdot 10^{-3} =$ ______

b) $8{,}475 \cdot 10^{-2} =$ ______ **d)** $2{,}01 \cdot 10^{-4} =$ ______

[$3{,}45 \cdot 10^{-4} = 0{,}000345$]

9. Schreibe als Zehnerpotenz.

a) 1 000 = ______ **c)** 10 000 000 = ______ **e)** 0,001 = ______

1 000 000 = ______ 10 000 000 000 000 = ______ 0,0000001 = ______

b) 1 000 000 000 = ______ **d)** 0,1 = ______ **f)** 0,000001 = ______

10 000 = ______ 0,01 = ______ 0,00001 = ______

10. a) Schreibe mit abgetrennter Zehnerpotenz.

Planet	Sonnenentfernung (in km)	Masse (in t)
Mars	288 000 000 =	640 000 000 000 000 000 000 =
Erde	149 600 000 =	5 970 000 000 000 000 000 000 =
Neptun	4 501 000 000 =	103 000 000 000 000 000 000 000 =
Jupiter	779 000 000 =	1 900 000 000 000 000 000 000 000 =

b)

Stoff	Längenausdehnungskoeffizient (in $\frac{1}{K}$)
Aluminium	0,000 024 =
Eis	0,000 051 =
Glas	0,000 01 =
Wolfram	0,000 004

c)

Art der Welle	Wellenlänge (in mm)
infrarotes Licht	0,005 3 =
grünes Licht	0,000 515 =
ultraviolettes Licht	0,000 204 =
Röntgenstrahlung	0,000 000 007 28 =

11. Schreibe ausführlich.

a) Umfang der Erdbahn: $9{,}4 \cdot 10^8$ km ______

b) Lichtgeschwindigkeit: $3 \cdot 10^5 \frac{km}{s}$ ______

c) Durchmesser der Sonne: $1{,}39 \cdot 10^6$ km ______

12. Schreibe als Zehnerpotenz.

a) eine Million: ______

b) 10 Millionen: ______

c) eine Milliarde: ______

d) eine Billion: ______

13. Wandle um. Verwende Zehnerpotenzen.

a)
24 mm = $24 \cdot 10^{-3}$ m
12 km = ______ m
21 dm = ______ m
45 cm = ______ m

b)
35 cm^2 = ______ m^2
580 mm^2 = ______ m^2
7300 km^2 = ______ m^2
19,5 dm^2 = ______ m^2

c)
580 mg = ______ g
32 kg = ______ g
4,5 ml = ______ *l*
8,3 hl = ______ *l*

14. Ergänze die fehlende Einheit. Verwende Vorsätze.

a)
$2 \cdot 10^{-1}$ m = 2 dm
$5 \cdot 10^{3}$ m = 5 ______
$7 \cdot 10^{-2}$ m = 7 ______
$8 \cdot 10^{-3}$ m = 8 ______

b)
$3{,}4 \cdot 10^{-3}$ g = 3,4 ______
$15{,}2 \cdot 10^{3}$ g = 15,2 ______
$29{,}4 \cdot 10^{-3}$ *l* = 29,4 ______
$2{,}8 \cdot 10^{2}$ *l* = 2,8 ______

c)
$5{,}2 \cdot 10^{9}$ Hz = 5,2 ______
$8{,}4 \cdot 10^{-6}$ m = 8,4 ______
$18 \cdot 10^{-3}$ s = 18 ______
$1{,}3 \cdot 10^{6}$ V = 1,3 ______

3. Lineare Zuordnungen

Zuordnungen in der Umwelt

1. a) In einem Museum wurde für den Verlauf eines Tages die Lufttemperatur aufgezeichnet.
Lies aus dem Graphen den jeweiligen Wert ab und trage ihn in die Tabelle ein.

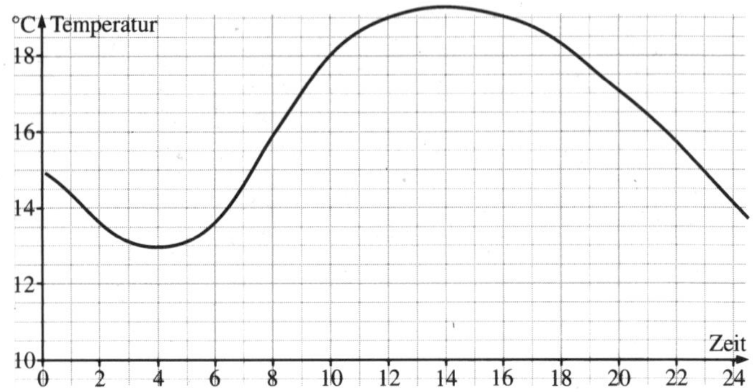

Zeitpunkt	0 Uhr	4 Uhr	8 Uhr	12 Uhr	16 Uhr	20 Uhr	24 Uhr
Temperatur							

b) Die Lufttemperatur hatte den Wert 16 °C um __________ Uhr und um __________ Uhr.

2. In der nebenstehenden Preistafel einer Privatbahn sind die Preise für verschiedene Fahrstrecken angegeben.

Fahrstrecke	Fahrpreis
bis 5 km	1,20 €
über 5 km bis 10 km	1,50 €
über 10 km bis 15 km	2,20 €
über 15 km bis 20 km	2,70 €
über 20 km bis 30 km	3,30 €
über 30 km bis 40 km	4,30 €
über 40 km bis 50 km	5,40 €

Fülle die Tabelle der Zuordnung aus.

Fahrstrecke (in km)	2,8	5,7	16,6	20
Fahrpreis (in €)				

Fahrstrecke (in km)	21,5	30,4	40	44,5
Fahrpreis (in €)				

3. Der Hausmeister, Herr Tell, stellt fest, dass aus dem kaputten Wasserhahn in nur 10 Minuten 120 ml Wasser tropfen. Er fragt sich, wie viele Liter das in den Sommerferien wären.
Ergänze die Tabelle.

Zeit	Wassermenge
10 min	120 ml
1 h	
1 Tag	
1 Woche	
6 Wochen	

4. Ein Rechteck hat einen Umfang von 36 cm.
Fülle die Zuordnungstabelle aus.

a	2 cm	4 cm	6 cm		9 cm	4,5 cm	
b	16 cm			10 cm			14,5 cm

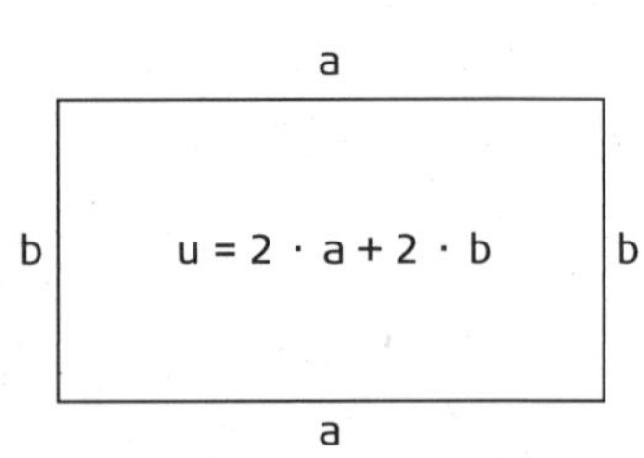

Proportionale Zuordnungen

1. Beim Obsthändler kostet 1 kg Äpfel 1,50 €.
Trage die Preise in die Tabelle ein.

Masse x (in kg)	1	2	3	4	5
Preis y (in €)					

Gleichung: ______________________________

2. Rechts siehst du den Graphen der Zuordnung *Masse der Äpfel x (in kg)* → *Preis der Äpfel y (in €)* mit der Gleichung y = 1,5 · x.

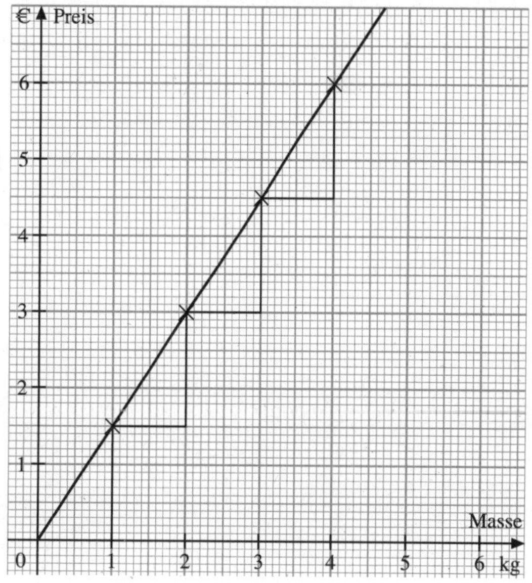

a) Lies die Preise aus dem Graphen ab und trage sie in die Tabelle ein. Prüfe durch Rechnung mithilfe der Gleichung.

Masse x (in kg)	0,5	1,5	2,5	3,5
Preis y (in €)				

b) Der Graph beginnt im Koordinatenursprung. Wenn man auf der x-Achse um 1 Schritt nach rechts geht, geht man auf der y-Achse um ___ Schritte nach oben.

3. a)

x (in h)	1	2	3	4	5	$\frac{1}{2}$	$2\frac{1}{2}$
y (in kWh)	1,5						

Auf einem elektrischen Backofen steht: 1,5 kW. Das bedeutet: Das Gerät verbraucht in jeder Stunde die Energie 1,5 Kilowattstunden (kWh). Zu jeder Zeitdauer x gibt es den Verbrauch y.

Gleichung: ______________________________

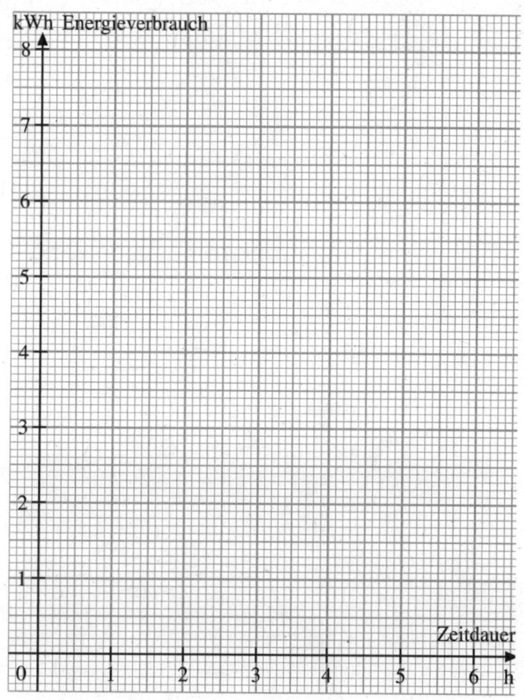

b) Auf dem Heizlüfter steht: 2 kW.

Gleichung: ______________________________

c) Auf dem Fernsehapparat steht: 0,2 kW.

Gleichung: ______________________________

d) Auf dem Infrarotstrahler steht 0,5 kW.

Gleichung: ______________________________

e) Zeichne die Graphen der vier Zuordnungen. Lege, wenn nötig, zuvor Tabellen an.

4. Gib den Anstieg an. Fülle die Tabelle aus und zeichne den Graphen.

a) $y = 2{,}5 \cdot x$ Anstieg m =

x	−2	−1	0	1	2
y					

b) $y = 0{,}4 \cdot x$ Anstieg m =

x	−4	−2	0	2	4
y					

c) $y = -2 \cdot x$ Anstieg m =

x	−2	−1	0	1	2
y					

d) $y = -0{,}8 \cdot x$ Anstieg m =

x	−4	−2	0	2	4
y					

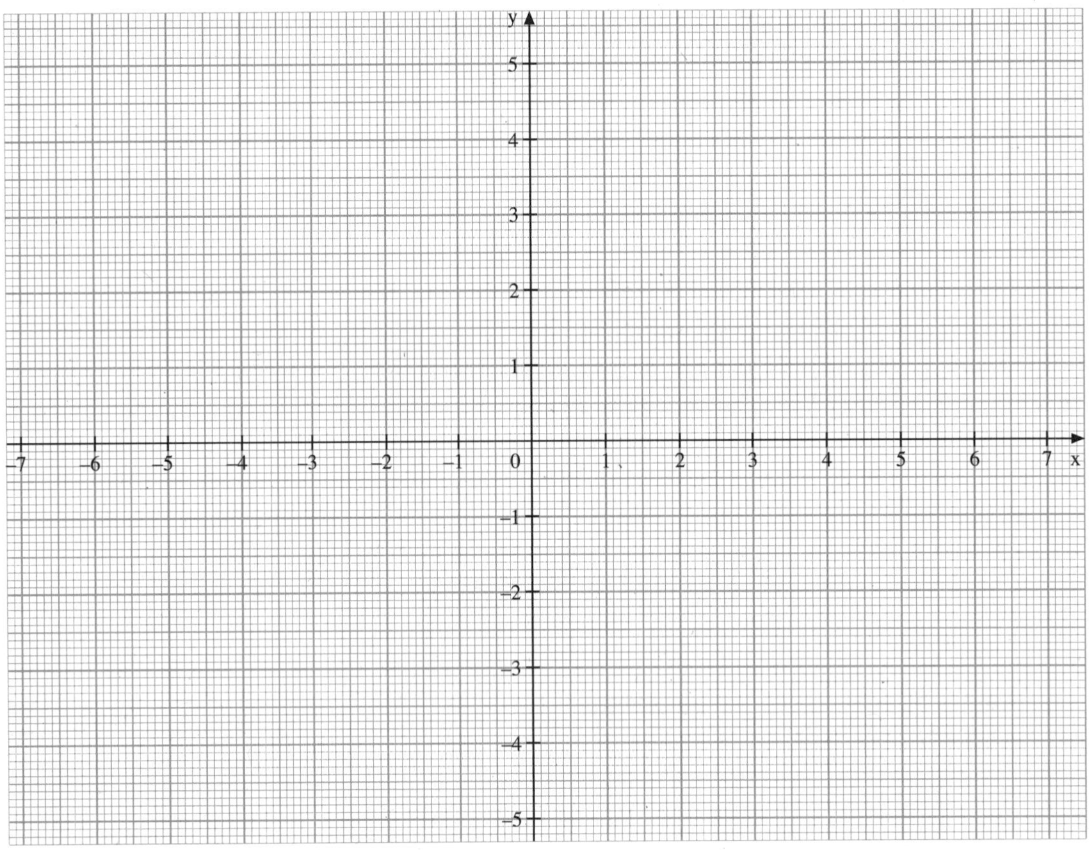

5. Zeichne geeignete Steigungsdreiecke ein. Gib die Gleichung an.

a)

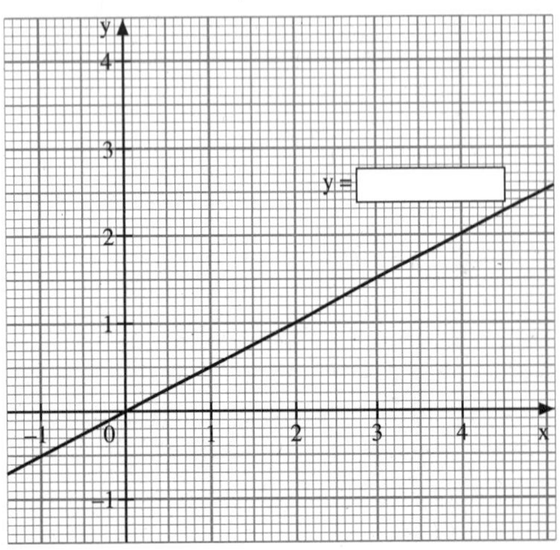

b)

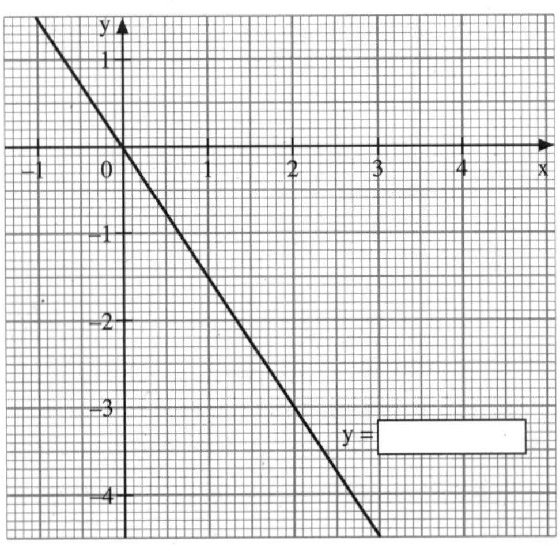

Lineare Zuordnungen

1. a) Ein Tankwagen wiegt leer 6 Tonnen. Er wird mit Heizöl beladen. $1 m^3$ Heizöl wiegt 0,8 Tonnen. Die Gesamtmasse des Anhängers setzt sich zusammen aus der Masse des Heizöls und der Masse des leeren Tankwagens.
Vervollständige die Tabelle:

Heizöl (in m^3)	1	2	3	4	5	6	x
Masse des Heizöls (in t)	0,8						
Gesamtmasse des Tankwagens (in t)	6,8						

b) Manche Gemeinden berechnen das monatliche Wassergeld der Haushalte aus zwei Beträgen: den Verbrauchskosten (z. B. 3 € für jeden Kubikmeter Wasser) und der Grundgebühr (z. B. 5 € monatlich).
Vervollständige die Tabelle:

Wasserverbrauch (in m^3)	1	2	3	4	10	20	25	x
Verbrauchskosten (in €)	3							
Monatliches Wassergeld (in €)	8							

2. a) Im Koordinatensystem ist der Graph für die Masse des Heizöls ($y = 0{,}8 \cdot x$) aus Aufgabe 1 a) gezeichnet. Die Gleichung für die Gesamtmasse des Anhängers heißt $y = 0{,}8 \cdot x + 6$. Zeichne den Graphen für die Gesamtmasse.

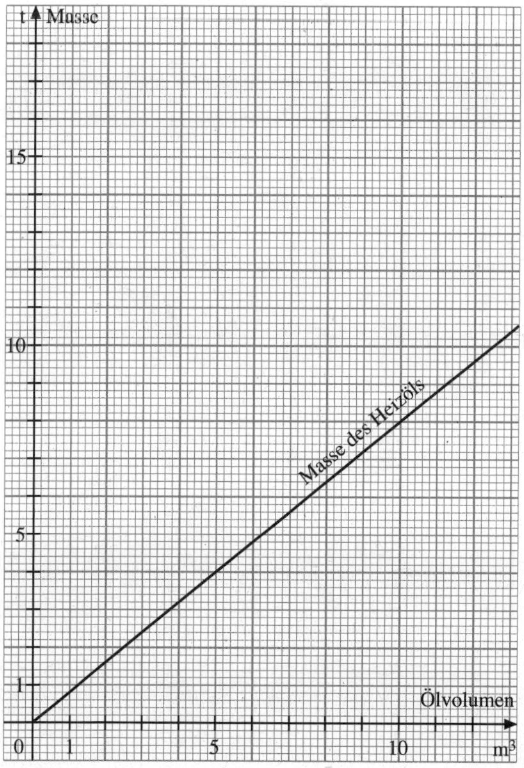

b) Die Gleichung für das monatliche Wassergeld y in Aufgabe 1 b) heißt $y = 3 \cdot x + 5$.
Ergänze die Tabelle mit geeigneten Werten und zeichne den Graphen.

x	0	1					
y							

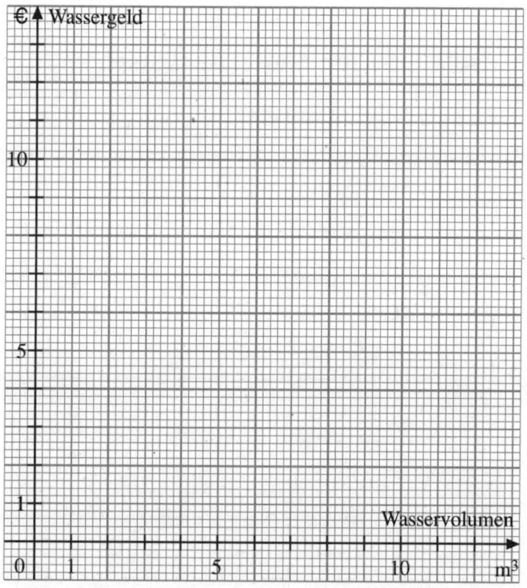

3. Zeichne den Graphen der Zuordnung mit der angegebenen Gleichung. Fülle vorher die Tabelle aus.

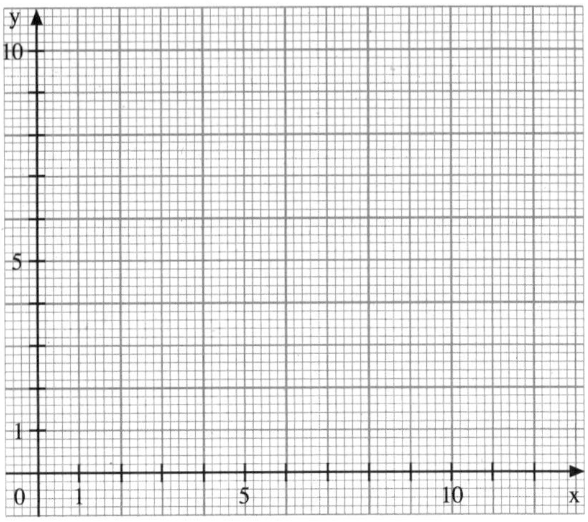

a) Gleichung: $y = 2 \cdot x + 1$

x	0	1	2	3	4
y					

b) Gleichung: $y = 0{,}5 \cdot x + 3$

x	0	2	4	6	10
y					

4. Fülle die Tabellen aus und zeichne die Geraden.

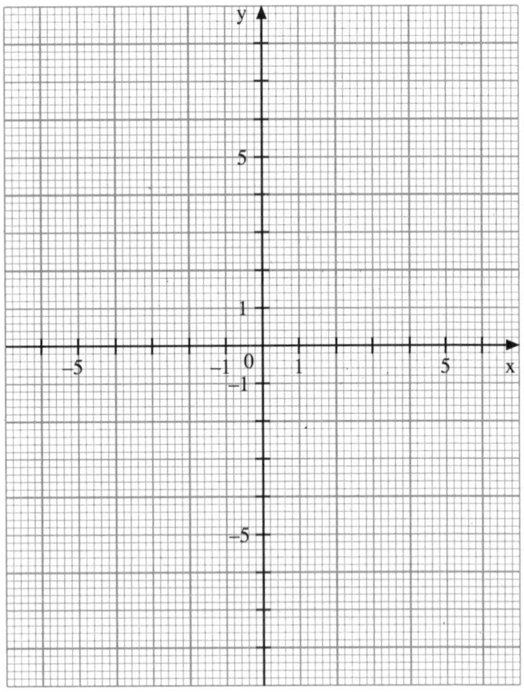

(1) $y = 0{,}5 \cdot x$

x	−6	−4	−2	0	2	4	6
y							

(2) $y = 0{,}5 \cdot x + 2$

x	−6	−4	−2	0	2	4	6
y							

(3) $y = 0{,}5 \cdot x - 2$

x	−6	−4	−2	0	2	4	6
y							

Alle Geraden haben den gleichen ________.

Sie sind zueinander ____________________.

5. Fülle die Tabelle aus und zeichne den Graphen.

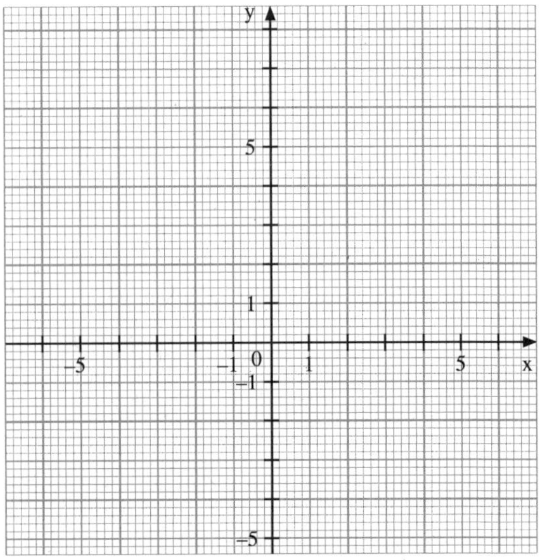

a) $y = 2 \cdot x + 1$

x	−3	−2	−1	0	1	3
y	−5					

b) $y = -2x + 1$

x	−6	−4	−2	0	2	6
y						

4. Lineare Gleichungssysteme

Lineare Gleichungen mit zwei Variablen

1. Sind die Zahlenpaare Lösungen der gegebenen Gleichung?

	(2|9)	(4|8)	(1|−1)	(0|5)	(5|7)
a) $x + y = 12$					
b) $y = 2x + 5$					
c) $3x - 2y = -4$					
d) $6 + 2y = 4x$					

2. Die Zahlenpaare sollen Lösungen der linearen Gleichung sein.

	(4|☐)	(☐|1)	(0|☐)	(☐|0)	(−3|☐)
a) $x - y = 2$	(4|2)				
b) $2x + 2y = 12$					
c) $y = x - 4$					
d) $4x - y = 8$					

3. Stelle die Lösungsmenge der Gleichung im Koordinatensystem dar.

a) $2x + y = 4$

x			
y			

b) $6x - 2y = 6$

x			
y			

c) $x = \frac{1}{2}y + 3$

x			
y			

d) $y = \frac{2}{5}x - 2$

x			
y			

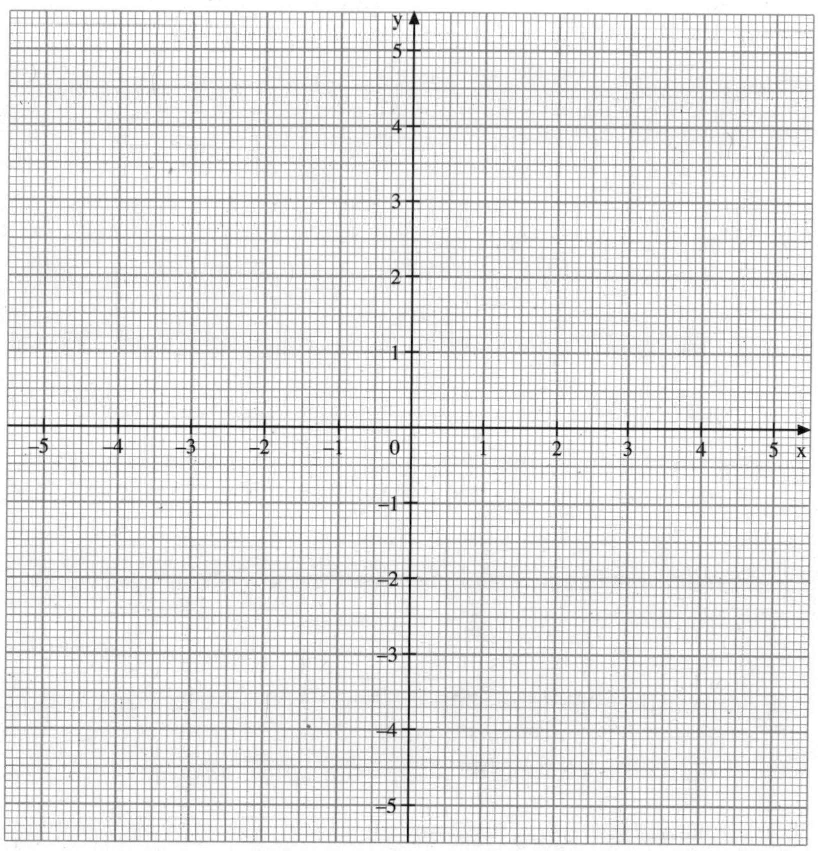

4. Taxi-Unternehmen berechnen den Fahrpreis auf unterschiedliche Art.

a) Bei „Taxi-Roth" beträgt die Grundgebühr 2,50 €, der Preis für jeden gefahrenen Kilometer 1,00 €. Ergänze die Tabelle.

Fahrstrecke (in km)	1	2	3	4	5	10	15	20
Fahrpreis (in €)								

b) Beim Taxi-Unternehmen „Funktaxi" beträgt die Grundgebühr 2 €. Die ersten 3 Kilometer kosten jeweils 1,50 €, jeder weitere Kilometer 0,80 €. Ergänze die Zuordnungstabelle.

Fahrstrecke (in km)	1	2	3	4	5	10	15	20
Fahrpreis (in €)								

c) Zeichne ein Diagramm für die Zuordnung *Länge der Fahrstrecke* → *Fahrpreis* und trage beide Graphen ein.

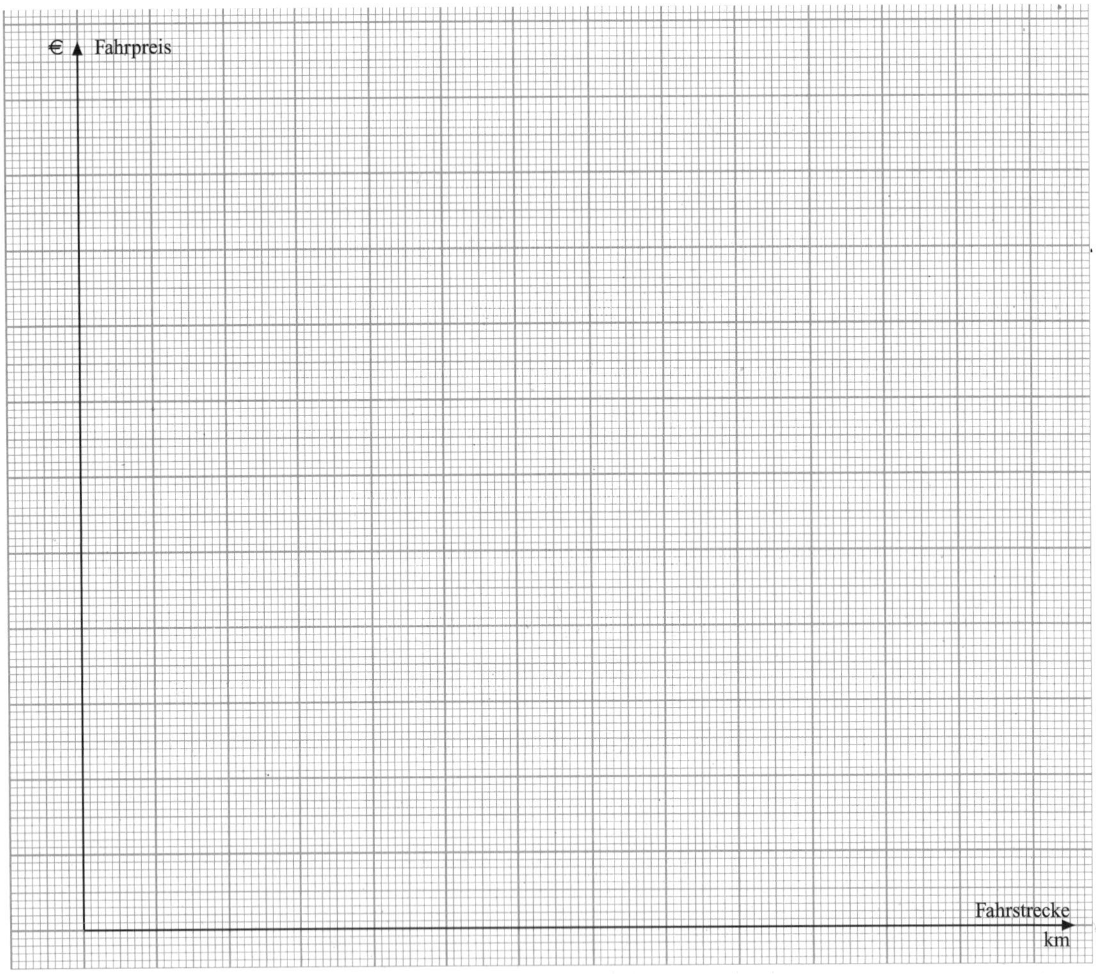

d) Welches Taxiunternehmen würdest du bevorzugen

bei 6 Kilometern Fahrstrecke, ______________________

bei 16 Kilometern Fahrstrecke ______________________?

e) Ab welcher Kilometerzahl ist das Unternehmen „Funktaxi" preisgünstiger?

„Funktaxi" ist preisgünstiger ______________________.

Lineare Gleichungssysteme – Grafisches Lösen

1. Ermittle die Lösung grafisch.
Prüfe das Ergebnis.

a) $\left| \begin{array}{l} y = 3x - 2 \\ y = \frac{1}{2}x + 3 \end{array} \right|$

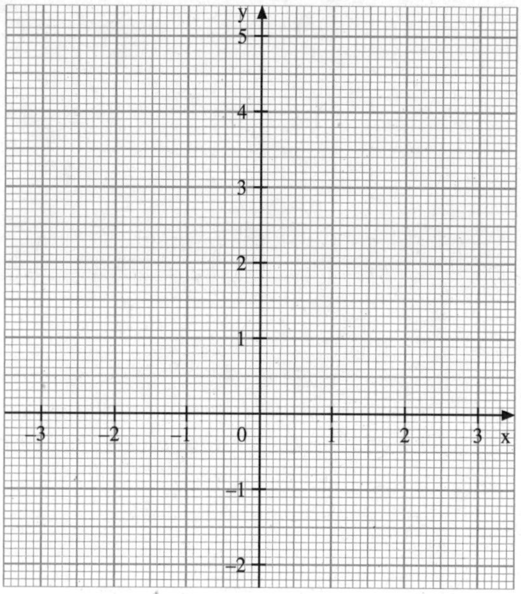

Probe:

1. Gleichung:

2. Gleichung:

L =

b) $\left| \begin{array}{l} x = y + 1 \\ x = -y + 3 \end{array} \right|$

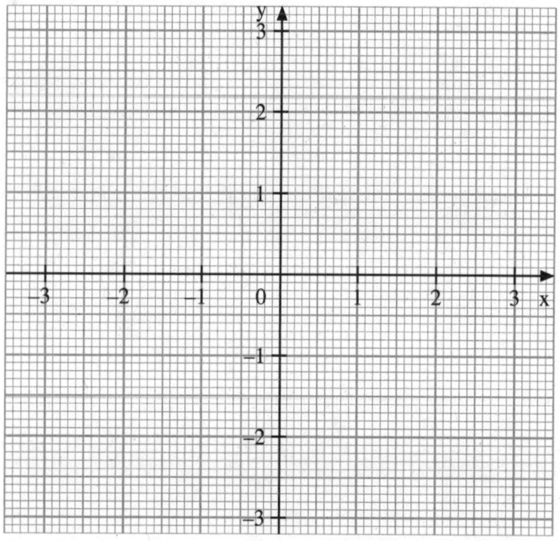

Probe:

L =

c) $\left| \begin{array}{r} x - y = -3 \\ y = -x \end{array} \right|$

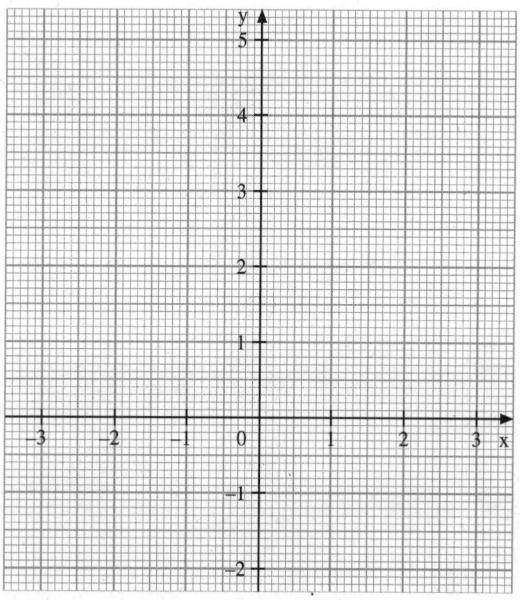

2. Gib die Lösungsmenge des graphisch dargestellten Gleichungssystems an.

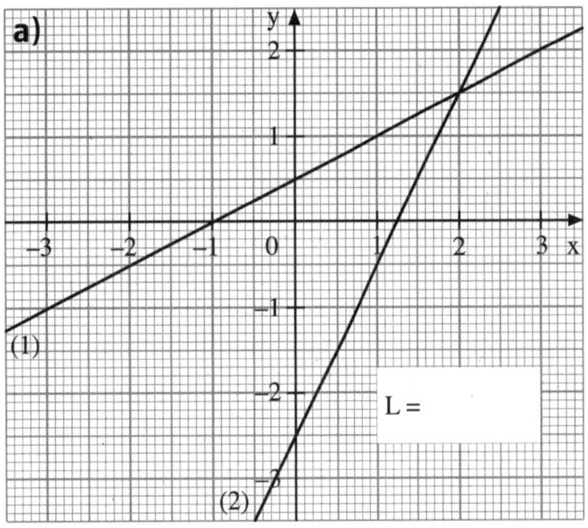

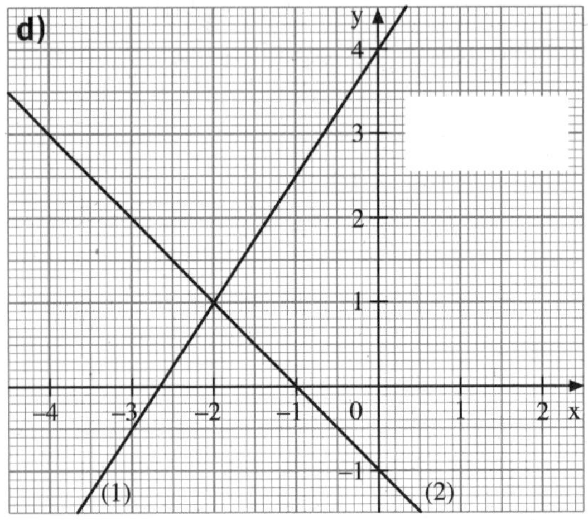

Bestimme die Gleichungen des Gleichungssystems.

a)
(1) ____________________
(2) ____________________

d)
(1) ____________________
(2) ____________________

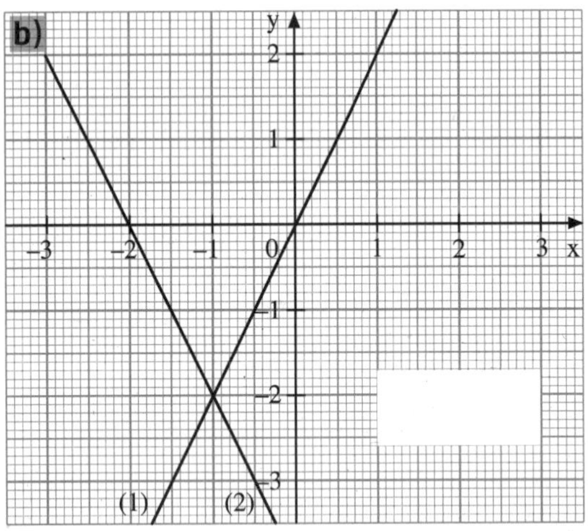

(1) ____________________
(2) ____________________

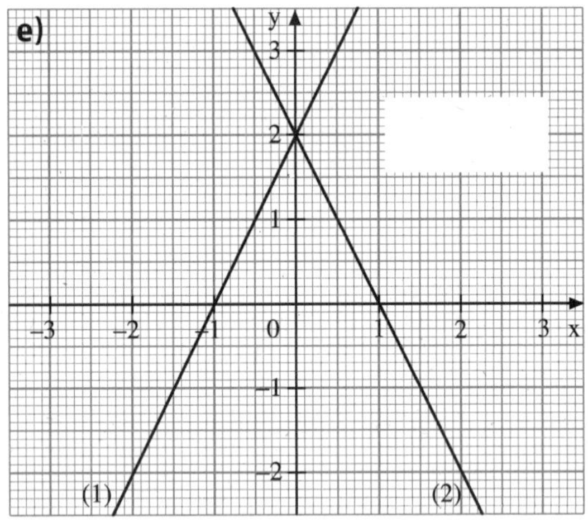

(1) ____________________
(2) ____________________

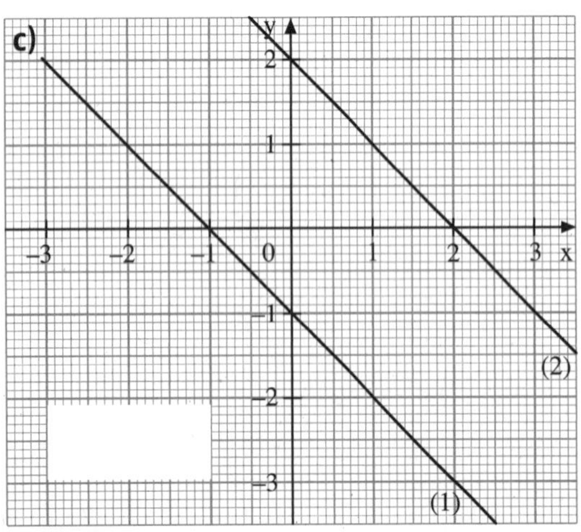

(1) ____________________
(2) ____________________

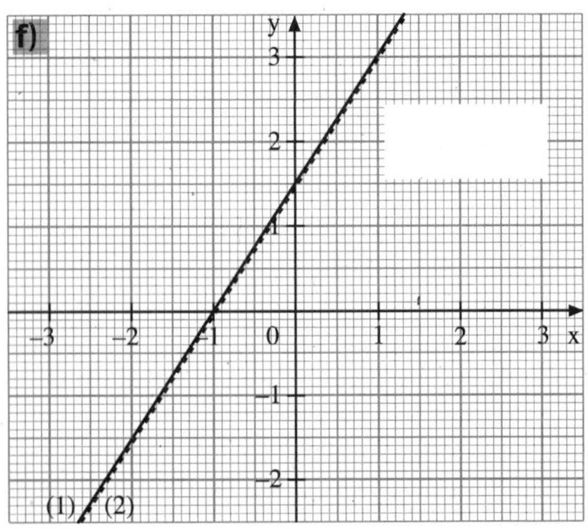

(1) ____________________
(2) ____________________

Lösen von Sachaufgaben

1. Eine Regionalbahn und ein ICE fahren von unterschiedlichen Orten mit unterschiedlichen Geschwindigkeiten nach Frankfurt/Main. Der ICE fährt in Erfurt ab.

a) In welcher Entfernung von Erfurt fährt die Regionalbahn ab?

____

____

b) Nach wie viel Minuten und in welcher Entfernung von Erfurt überholt der ICE die Regionalbahn?

____

____

____

c) Mit welcher durchschnittlichen Geschwindigkeit fahren die Züge?

Regionalbahn: ______________

____

____

ICE: ______________________

____

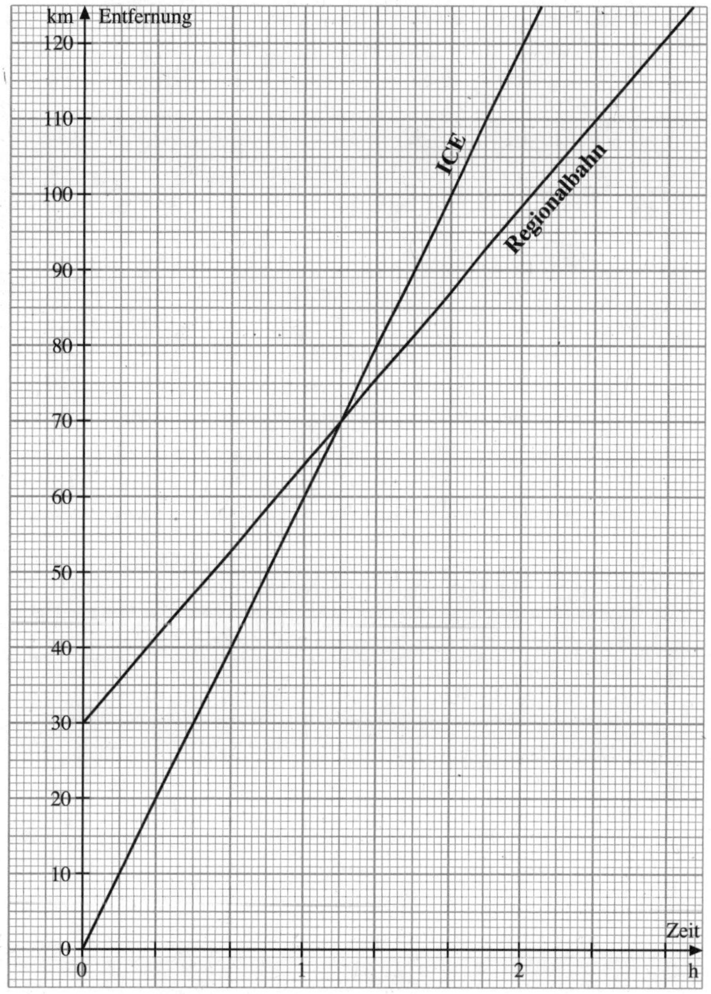

2. Die Darstellung zeigt das Entfernungs-Zeit-Diagramm von drei Fahrzeugen.
Formuliert selbst Fragen und beantwortet sie.

____

____

____

____

____

____

____

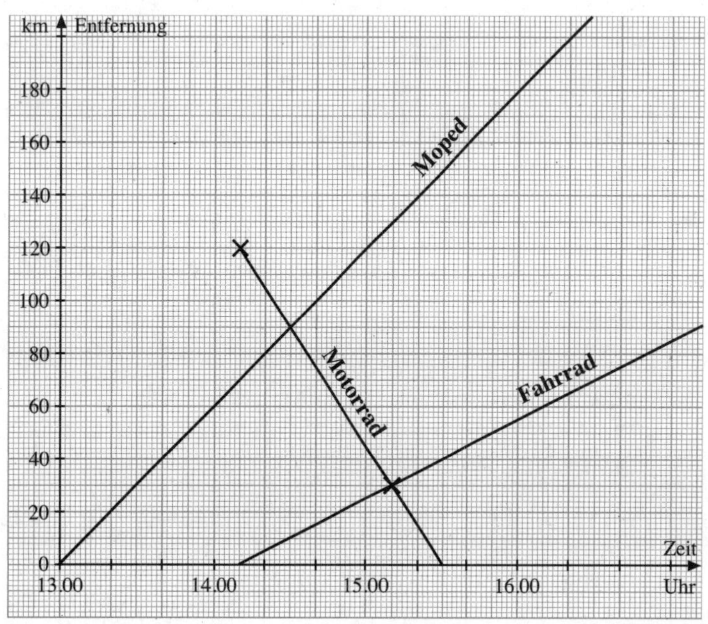

5. Mathematik im Alltag – Rechnen mit Größen

Von Preisen und Löhnen

1. Berechne den neuen Preis.

(1)

	a)	b)	c)	d)	e)	f)	g)
Alter Preis (in €)	220	250	120	324	238	160	250
Erhöhung um	19 %	8 %	2 %	5 %	7 %	5,5 %	20,5 %
Neuer Preis (in €)							

(2)

	a)	b)	c)	d)	e)	f)	g)
Alter Preis (in €)	6300	4700	4900	3700	5200	2800	2600
Preisnachlass	17 %	32 %	27 %	15 %	19 %	7,5 %	6,5 %
Neuer Preis (in €)							

2. Berechne die fehlenden Angaben.

	a)	b)	c)	d)	e)	f)	g)
Alter Preis (in €)							
Erhöhung	12 %	8 %	3 %	5 %		20 %	
Faktor	1,12				1,15		1,02
Neuer Preis (in €)	392	486	412	357	483	576	306

3. Fülle die Tabelle aus.

	a)	b)	c)	d)	e)	f)	g)
Alter Preis (in €)							
Ermäßigung	3 %	8 %	10 %	12 %		30 %	
Faktor	0,97				0,85		0,98
Neuer Preis (in €)	679	690	612	572	527	441	588

4. Ergänze die Tabelle.

Nettopreis	Mehrwertsteuer
Bruttopreis	

	a)	b)	c)	d)	e)	f)
Nettopreis (in €)	168,00	940,00		205,00	3100,00	
MwSt.-Satz	16 %		7 %			
MwSt. (in €)		197,40	5,32	22,55		12,00
Bruttopreis (in €)					3627,00	72,00

5. a) Ergänze das Schema der Lohnabrechnung für Herrn Busch und Nohras Lehrlingsendgeld.

Lohnabrechnung	Herr Busch	Nohra
Bruttolohn	1730,00 €	513,00 €
Abzüge:		
– Lohnsteuer (lt. Steuertabelle)	169,70 €	0,00 €
– Kirchensteuer (9 % der Lohnsteuer)		0,00 €
– Solidaritätszuschlag 5,5 % der Lohnsteuer		0,00 €
– Rentenversicherung (0,5 · 19,6 % des Bruttolohnes)		
– Krankenversicherung (7,9 % des Bruttolohnes)		
– Arbeitslosenversicherung (0,5 · 3 % des Bruttolohnes)		
– Pflegeversicherung (0,5 · 1,95 % des Bruttolohnes)		
= **Nettlohn**		

b) Wie viel Prozent des Bruttolohnes sind Abzüge?

Herr Busch: ______________________ Nohra: ______________________

c) Berechne das Jahresnettoeinkommen.

Herr Busch: ______________________ Nohra: ______________________

d) Nohras Lehrlingsentgelt steigt im zweiten Lehrjahr um 3 %. Berechne ihr neues Jahresnettoeinkommen.

Sparanlagen und Kredite

1. Tobias behauptet: Wenn ich die Jahreszinsen und den dazugehörigen Zinssatz kenne, weiß ich, wie hoch das Sparguthaben am Jahresanfang war. Verbinde die Zinskarten mit den entsprechenden Guthaben.

Zinsen

93 €	3 %

29,93 €	4,1 %

21,42 €	2,8 %

54,40 €	3,2 %

21,46 €	2,9 %

119,97 €	3,1 %

68,95 €	3,5 %

79,54 €	2,5 %

Sparguthaben am Jahresanfang (in €)

740	3 870
3 100	765
730	1 700
1 970	3 181,60

2. Ergänze die Tabelle. Runde gegebenenfalls.

	a)	b)	c)	d)	e)	f)	g)
Kapital	3 240 €		1 043 €	7 800 €	4 820 €		6 475 €
Zinssatz	1,4 %	3 %		3,8 %		7,6 %	11,2 %
Jahreszinsen		64 €	67,80 €		43,38 €	13 680 €	

3. Dirk möchte in vier Jahren den Auto-Führerschein erwerben. Dafür legt er 800 € fest an. Die Zinsen werden mit verzinst. Zwei Angebote kommen in die nähere Auswahl.

p. a. bedeutet pro Jahr

Winner-Bank

Winner Bank

Laufzeit: 4 Jahre

Zinssatz: 2,5 % (p.a.)

Supra-Bank

SUPRA|Bank

Laufzeit: 4 Jahre

Zinssatz: 1. Jahr: 1,50 %
2. Jahr: 2,25 %
3. Jahr: 3,00 %
4. Jahr: 3,75 %

Entscheide durch Rechnung, welches Angebot günstiger ist.

Winner-Bank

Jahr	Kapital am Jahresbeginn	Zinsen	Kapital am Jahresende
1	800,00 €		
2			
3			
4			

Supra-Bank

Jahr	Kapital am Jahresbeginn	Zinsen	Kapital am Jahresende
1	800,00 €		
2			
3			
4			

4. Berechne die Zinsen für Teile eines Jahres. Runde gegebenenfalls.

	a)	b)	c)	d)	e)	f)
Kapital	900 €	6300 €	1780 €	430 €	190 €	340 €
Zinssatz (p.a.)	1,9 %	3,2 %	4,1 %	5,9 %	7,0 %	6,5 %
Jahreszinsen						
Zeit	$\frac{1}{2}$ Jahr	$\frac{1}{4}$ Jahr	1 Monat	3 Monate	5 Monate	8 Monate
Zinsen						

5. Bestellt man Waren bei einem Versand, kann man oft in Raten bezahlen. In einem Katalog findet Katharina folgendes Beispiel für Teilzahlung in 4 Monatsraten.

Warenwert 200,00 € + Zinsaufschlag 5,44 € $\left(\frac{200{,}00 \times 0{,}68 \times 4}{100}\right)$ = Teilzahlungspreis 205,44 €

Danach beträgt die monatliche Rate: 205,44 € : 4 = 51,36 €.

Der Versand berechnet folgende Zinsen:

Bei 2, 3, 4, 5, 6 Monatsraten	Bei 8, 10, 12, 15, 18, 24 Monatsraten
0,68 % pro Monat	0,67 % pro Monat

a) Katharina möchte ein Notebook für 1900 € kaufen. Damit sie die Monatsraten besser vergleichen kann, fertigt sie eine Tabelle an. Ergänze. (Angaben in €)

Monatsraten	3	6	10	12	15	18	24
Zinsaufschlag							
Teilzahlungspreis							
monatliche Raten							

b) Durch Ratenzahlung wird der Gesamtpreis höher. Um wie viel Prozent wird das Notebook bei 3 Monatsraten teurer?

c) Auf wie viel Prozent steigt der Gesamtpreis bei 24 Monatsraten im Vergleich zur sofortigen Bezahlung?

6. Alexander möchte sich ein Moped kaufen. Dafür müsste er sein Konto um 1625 € überziehen. Der Überziehungszinssatz beträgt 14,2 % (p.a.) Er weiß noch nicht, wann er das Geld zurückzahlen kann. Berechne die Zinsen für die angegebene Zeit.

Zeit	10 Tage	14 Tage	21 Tage	30 Tage	37 Tage	50 Tage	90 Tage	360 Tage
Zinsen (in €)								

Berechnen von Wohnkosten

1. Familie Tropf erhält die *Wasserabrechnung* für den letzten Monat. Der Betrag setzt sich aus der Grundgebühr und den Kosten für die verbrauchten Kubikmeter Wasser zusammen. Die Grundgebühr beträgt monatlich 8 €, jeder m^3 Wasser kostet 2,75 €.

a) Berechne die monatlichen Kosten bei folgendem Verbrauch.

Verbrauch (in m^3)	Kosten (in €)
0	
3	
6	
9	
12	
15	

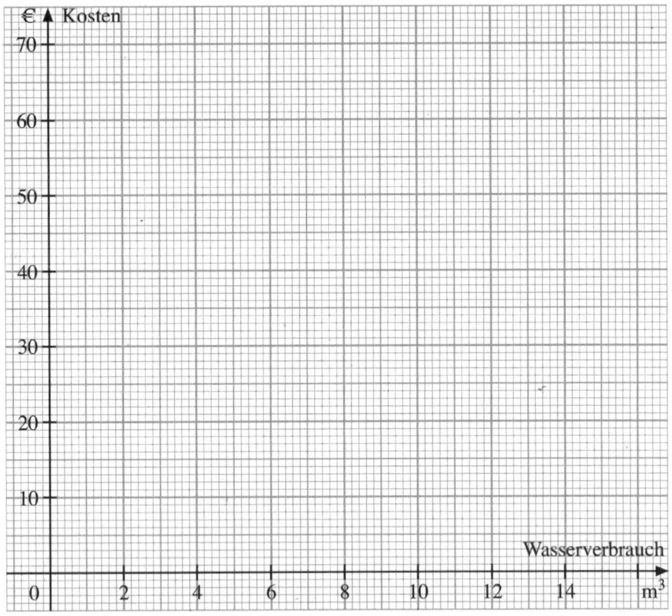

b) Stelle die Kosten grafisch dar.

c) Lies am gezeichneten Graphen der Zuordnung *Wasserverbrauch → Kosten* den Preis ab und trage ihn in die Tabelle ein.

Wasserverbrauch (in m^3)	4	5	8	14
Kosten (in €)				

2. Eine Jahresabrechnung für Strom setzt sich zusammen aus 19 € Gebühr für den Stromzähler, 45 € Festpreis und 12,8 Cent je verbrauchter Kilowattstunde.

a) Berechne die jährlichen Stromkosten.

Stromverbrauch (in kWh)	0	500	1000	1500	2000	2500
Stromkosten (in €)						

b) Frau Sonne hatte im Vorjahr 1659 kWh verbraucht. Mit der diesjährigen Jahresabrechnung hatte sie 170 kWh weniger zu bezahlen. Wie viel Euro hat sie damit eingespart?

Antwort: ______________________________

c) Herr Schau hat seinen Stromverbrauch notiert. Stelle dazu eine Aufgabe und beantworte sie.

Zeitraum	Jan.–März	April–Juni	Juli–Sept.	Okt.–Dez.
Stromverbrauch (in kWh)	554	438	387	495

Aufgabe: ______________________________

Antwort: ______________________________

6. Zusammengesetzte Körper

Pythagoras – Wiederholung

1. Gib zu jedem Dreieck die Hypotenuse und die Katheten an. Färbe die Hypotenuse rot und die Katheten blau. Gib auch den Satz des Pythagoras an.

a)
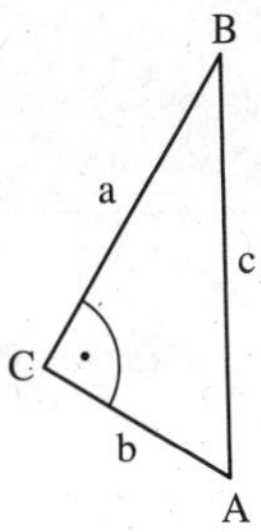

b)
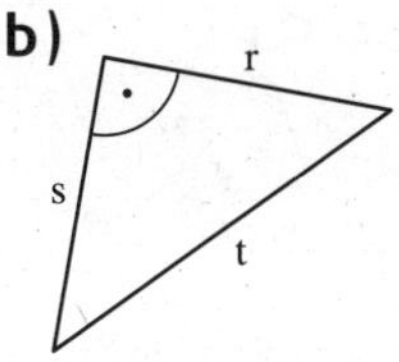

c)
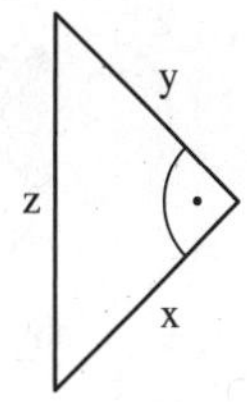

d)
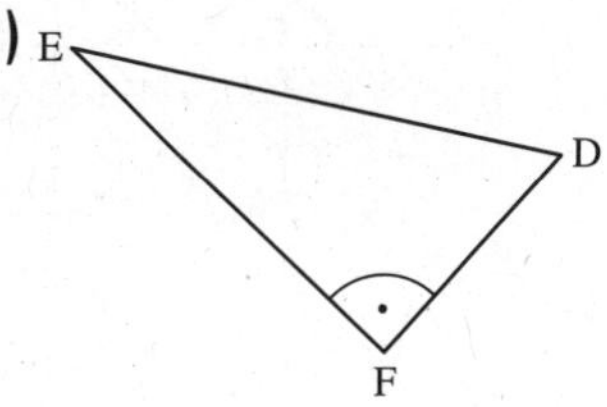

$\_\_\_^2 + \_\_\_^2 = \_\_\_^2$ ____________ ____________ ____________

2. In der Figur kommen mehrere rechtwinklige Dreiecke vor. Ergänze die Tabelle.

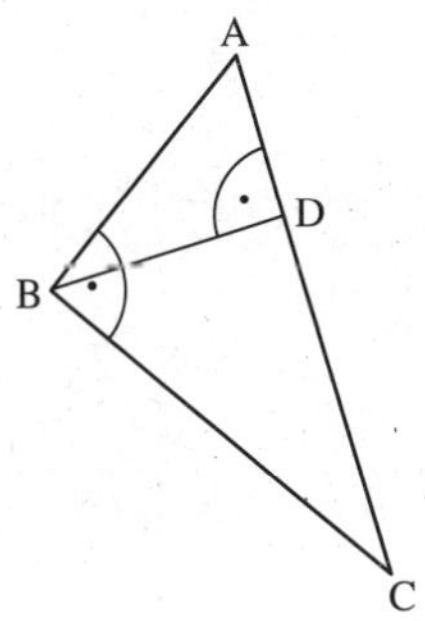

Dreieck	Hypotenuse	Katheten
Δ ABC	$\overline{AC}$	

3. Zerlege in rechtwinklige Dreiecke. Färbe die Hypotenusen.

a)
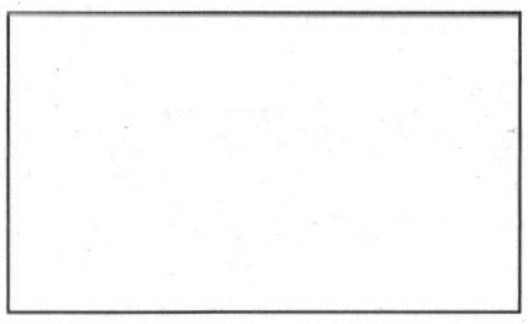

b)
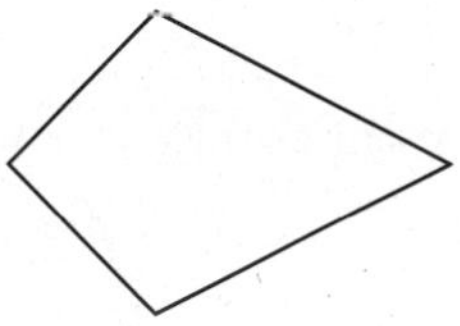

c)
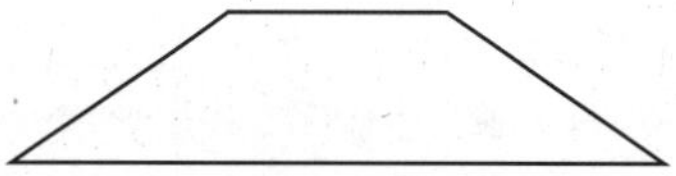

4. Berechne die fehlende Seitenlänge, den Umfang und den Flächeninhalt des Dreiecks.

a)
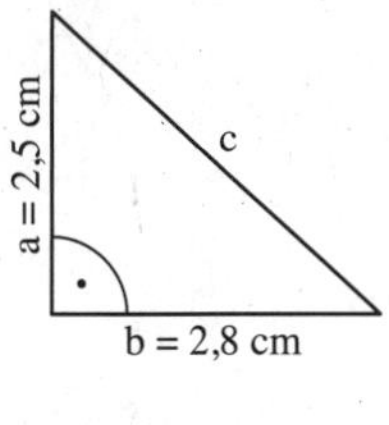

____________ u = ____________

c^2 = ____________ u = ____________

c = ____________ A = ____________

A = ____________

b)
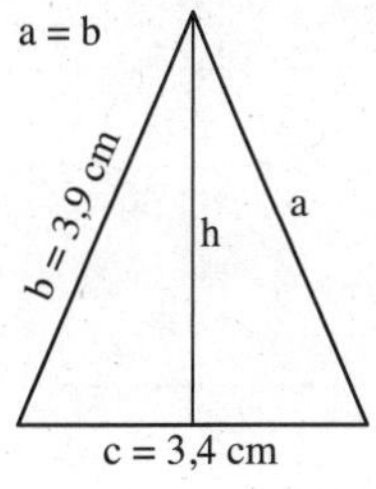

____________ u = ____________

____________ u = ____________

____________ A = ____________

A = ____________

Darstellen und Berechnen von Körpern – Wiederholung

1.

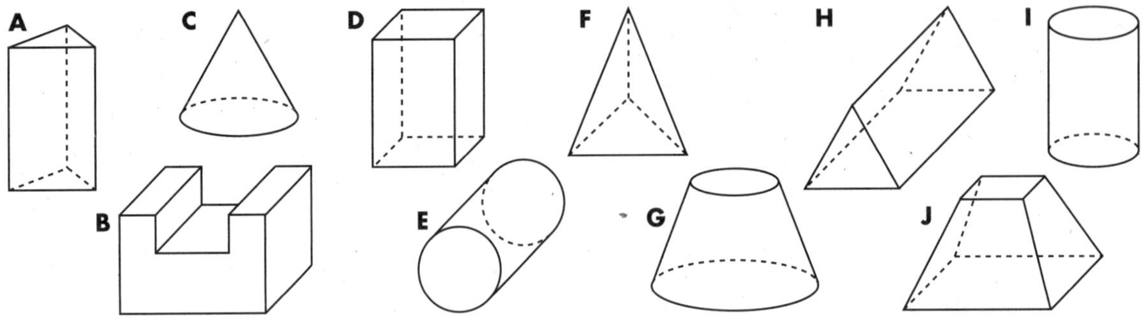

a) Welche Körper sind Prismen, welche Zylinder, welche Pyramiden und welche Kegel?

Prisma: ______________________ Pyramide: ______________________

Zylinder: ______________________ Kegel: ______________________

b) Färbe in den Prismen die Grundflächen. Zeichne in jedes Prisma eine Körperhöhe ein.

2. Überprüfe, ob aus dem Netz eine Pyramide entsteht. Wenn ja, dann markiere Kanten, die beim Zusammenbau eine Seitenkante bilden, mit gleicher Farbe.

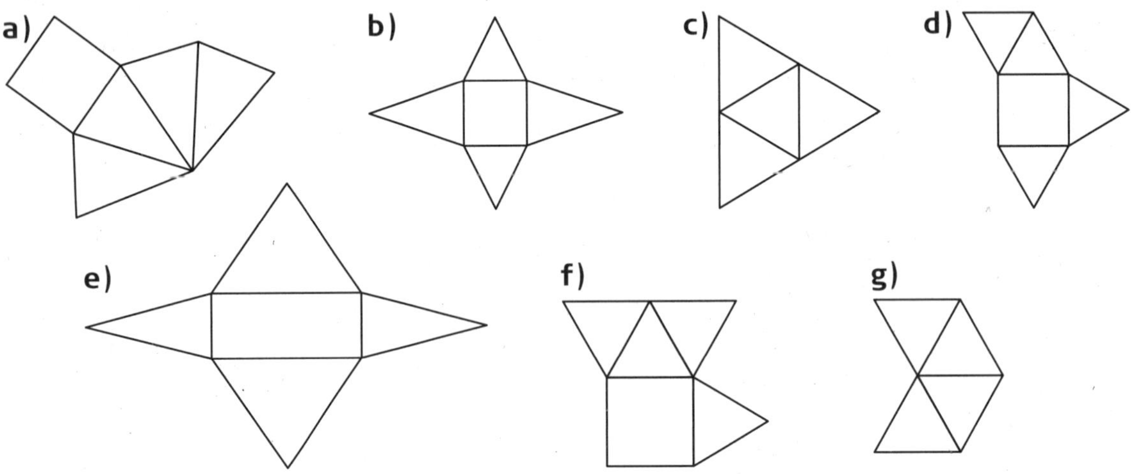

3.

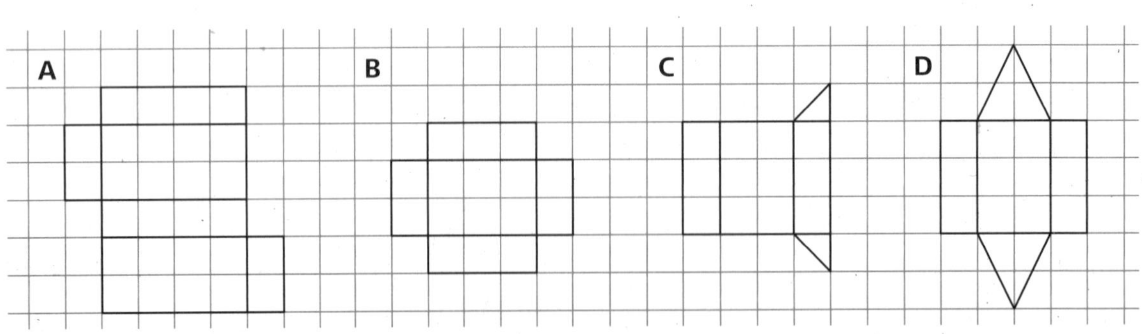

Welche Figur ist kein Prismennetz? Begründe.

____

____

4. Vervollständige so, dass das Netz des angegebenen Körpers entsteht.

a) Prisma

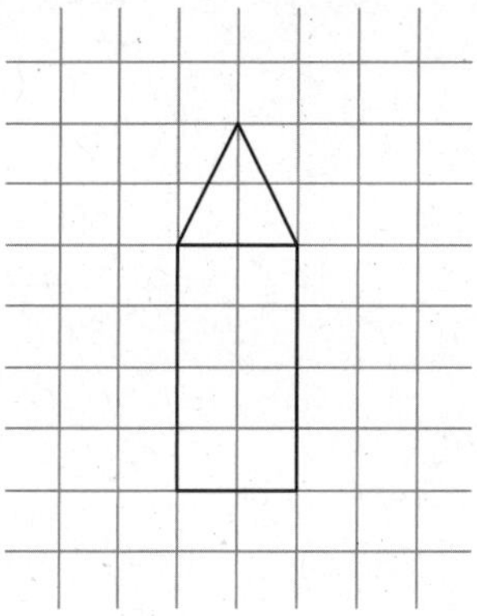

b) Pyramide

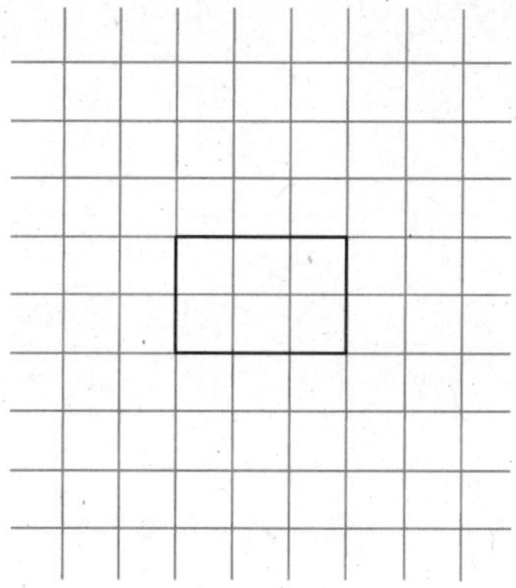

c) Prisma

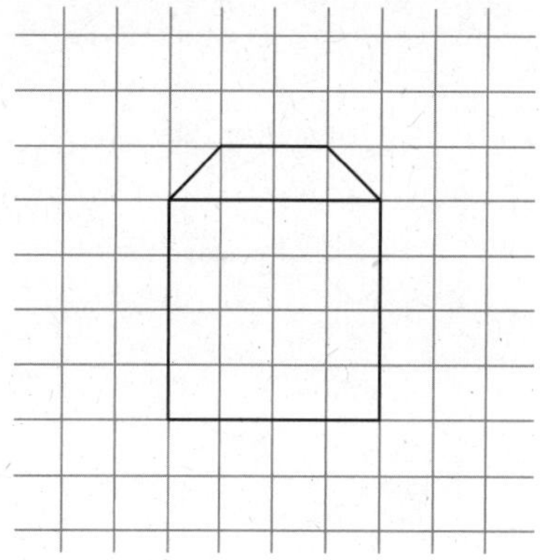

5. Vervollständige die Schrägbilder der angegebenen Körper. Zeichne verdeckte Kanten gestrichelt. Gib die fehlenden Körperhöhen an.

a) Pyramiden

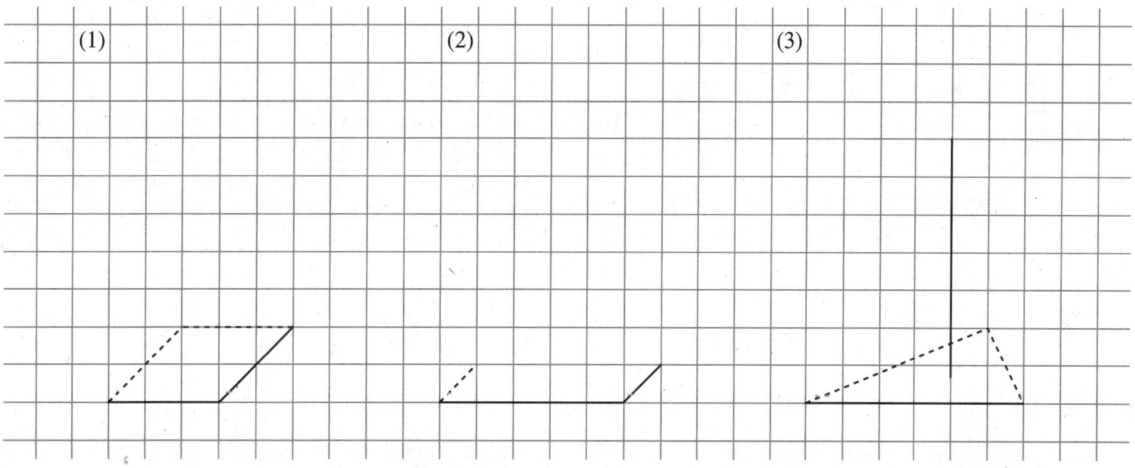

h = 3,5 cm h = 2,5 cm h = ________

b) Prismen

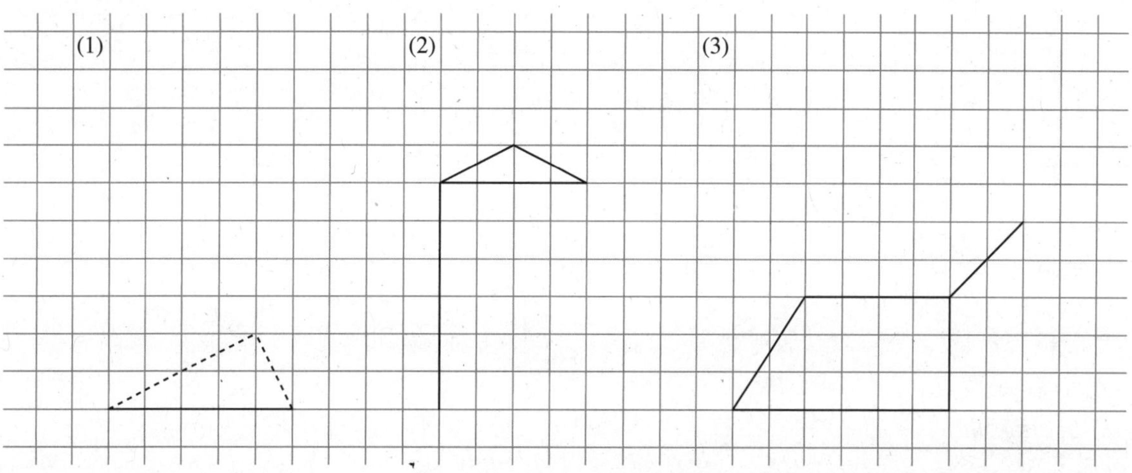

h = 3,5 cm h = ________ cm h = ________ cm

6. Zeichne ein Zweitafelbild. Maße in mm.

a)

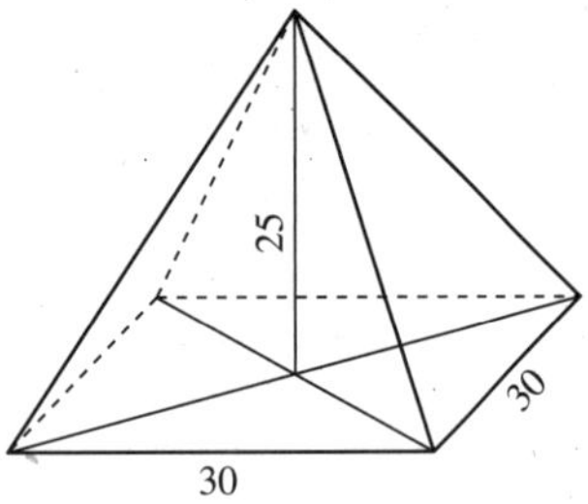

b)

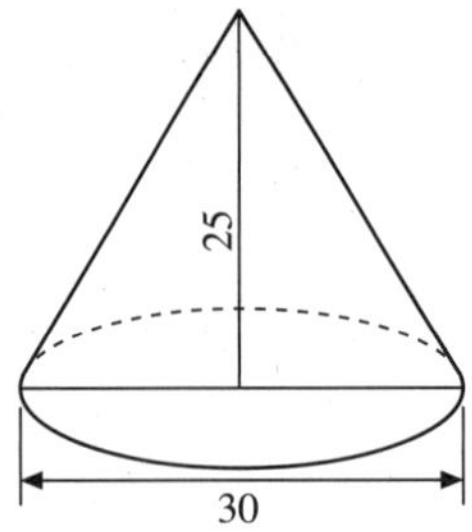

c)

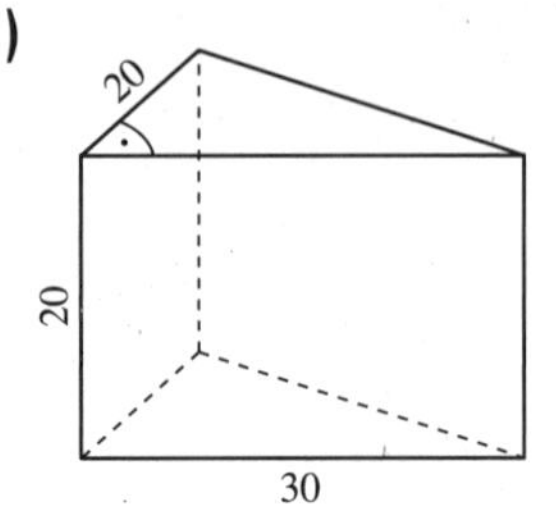

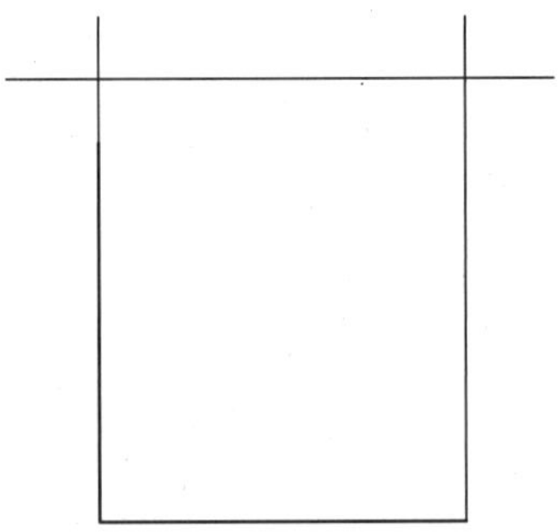

7. Ergänze die Zweitafelbilder so, dass die angegebenen Körper entstehen. Skizziere auch die Schrägbilder.

(1) Pyramide

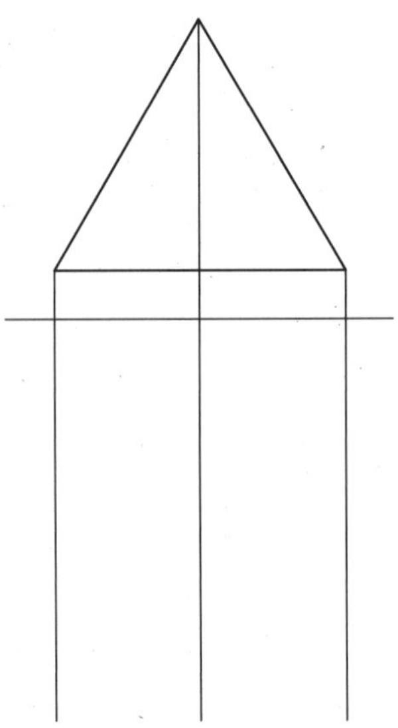

(2) Prisma

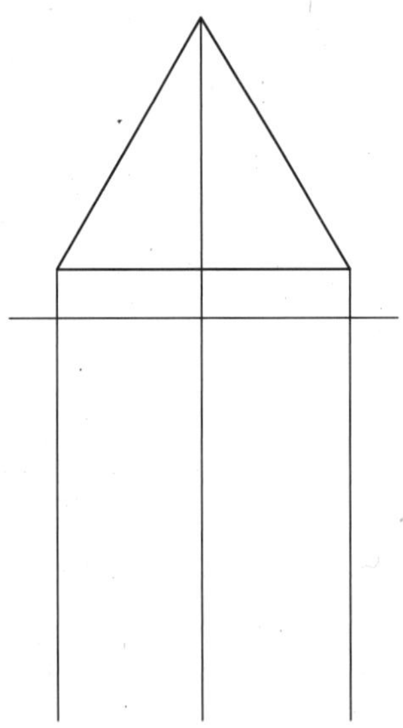

(3) Kegel

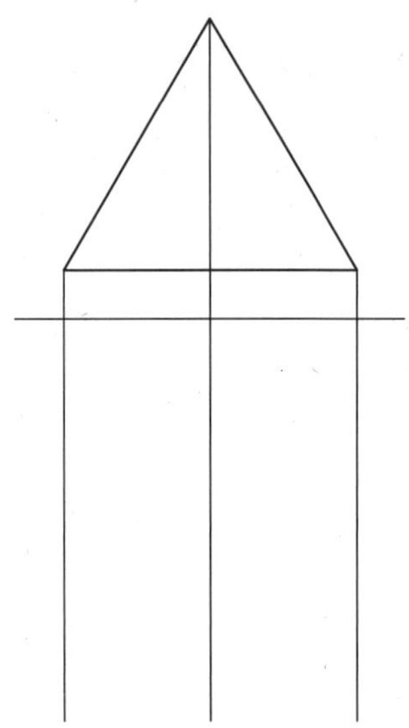

Schrägbild:

8. **a)** Zeichne ein Zweitafelbild des Prismas. *Zweitafelbild:*

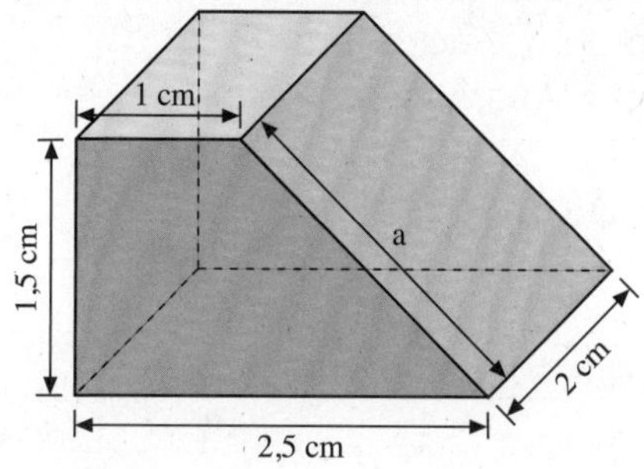

b) Berechne die Länge der Kante a.

_______________ *Rissachse*

a^2 = _______________

a = _______________

c) Berechne Volumen und Oberflächeninhalt.

A_G = _______________

V = _______________

V = _______________

A_M = _______________

A_O = _______________

A_O = _______________

d) Das Prisma wird aus Bronze gegossen ($\varrho = 8{,}7\ \frac{g}{cm^3}$). Welche Masse hat es?

m = _______________

m = _______________

ϱ = Dichte
$m = \varrho \cdot V$

9. Das Zweitafelbild des Kreiszylinders ist im Maßstab 1:20 gezeichnet.
Fülle die Tabelle aus.

	Zeichnung	Wirklichkeit
	1 cm	20 cm
r		
h		

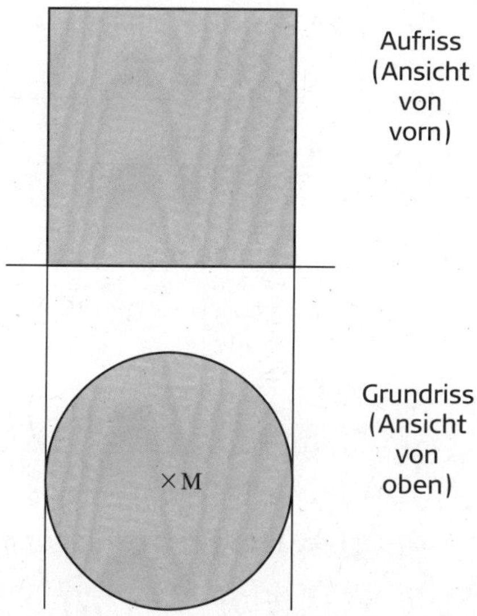

a) Berechne das Volumen des Zylinders in Liter.

V = _______________

____

b) Berechne seinen Oberflächeninhalt in dm^2.

A_O = _______________

____

10. Die angegebenen Punkte sind die Eckpunkte der Grundfläche und h ist die Körperhöhe. Zeichne die Grundfläche in das Koordinatensystem und ergänze, sodass ein Schrägbild des Körpers entsteht. Schraffiere im Schrägbild die Grundfläche farbig. Berechne den Flächeninhalt der Grundfläche und das Volumen des Körpers.

a) Prisma mit h = 2,0 cm und der Grundfläche ABCD

A (0|0) B (3|0) C(3|2) D (1|2)

A_G = ______________________ V = ______________________

A_G = ______________________ V = ______________________

b) Prisma mit h = 4,0 cm und der Grundfläche ABCD

A (1|5) B (5|5) C (5|8) D (1|8)

A_G = ______________________ V = ______________________

A_G = ______________________ V = ______________________

c) Pyramide mit h = 3,5 cm und der Grundfläche ABCD

A (−5|2) B (−2|2) C (−2|4) D (−5|4)

A_G = ______________________ V = ______________________

A_G = ______________________ V = ______________________

d) Prisma mit h = 4,0 cm und der Grundfläche ABCDE

A (−6|−3) B (−6|−5) C (−2|−5) D (−2|−3) E (−3|−2)

A_G = ______________________ V = ______________________

A_G = ______________________ V = ______________________

e) Prisma mit h = 4,0 cm und der Grundfläche ABC

A (3|−9) B (6|−9) C (5|−6)

A_G = ______________________ V = ______________________

A_G = ______________________ V = ______________________

f) Pyramide mit h = 3,0 cm und der Grundfläche ABCD

A (1|−3) B (1|−5) C (3|−5) D (3|−3)

A_G = ______________________ V = ______________________

A_G = ______________________ V = ______________________

g) Würfel mit der Diagonale $\overline{AB}$ einer Grundfläche

A (5|0) B (7|2)

A_G = ______________________ V = ______________________

A_G = ______________________ V = ______________________

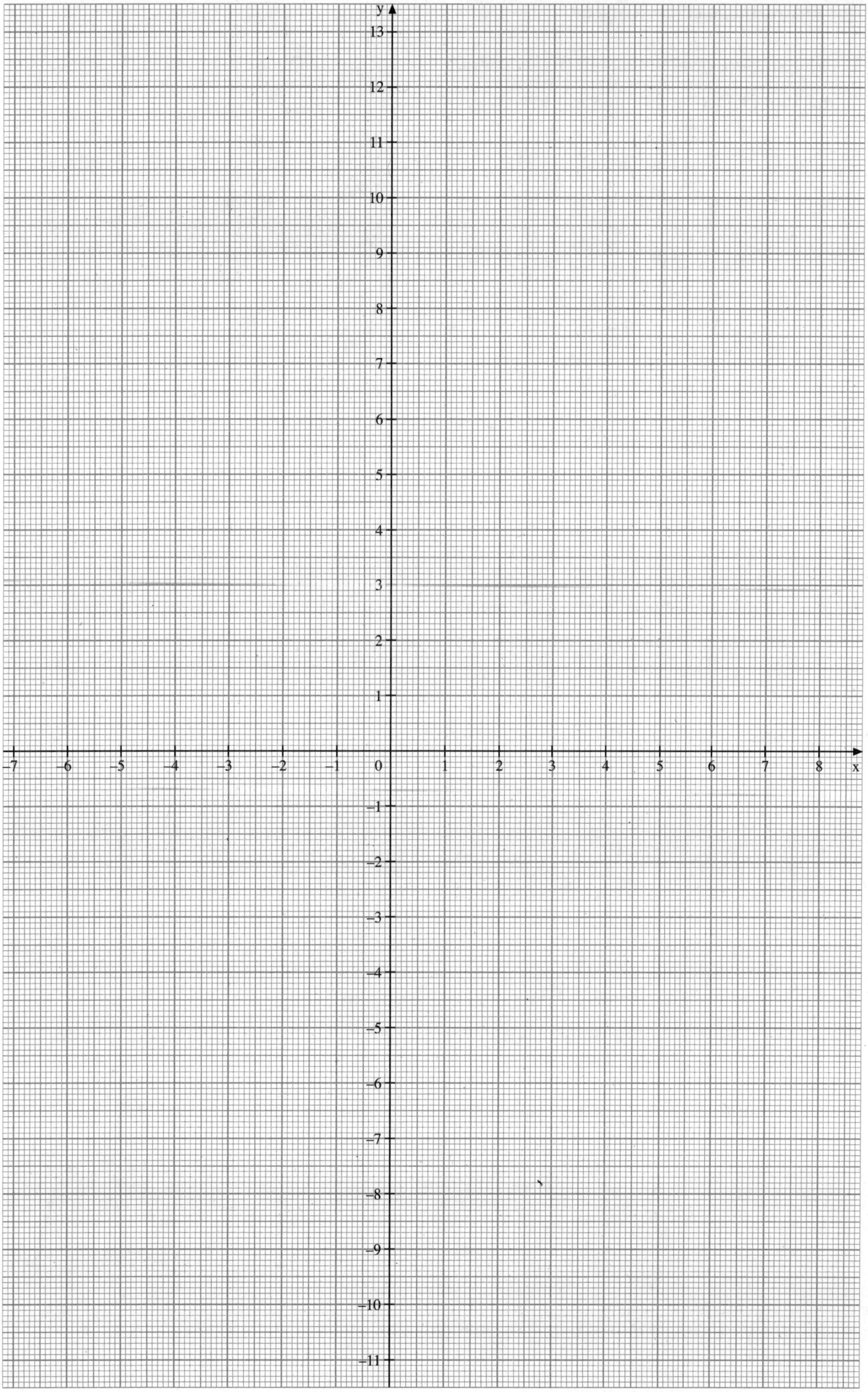
y
13
12
11
10
9
8
7
6
5
4
3
2
1
0
−1
−2
−3
−4
−5
−6
−7
−8
−9
−10
−11
−7
−6
−5
−4
−3
−2
−1
1
2
3
4
5
6
7
8
x

Zusammengesetzte Körper

1. a) Skizziere zwei Ansichten des Körpers.

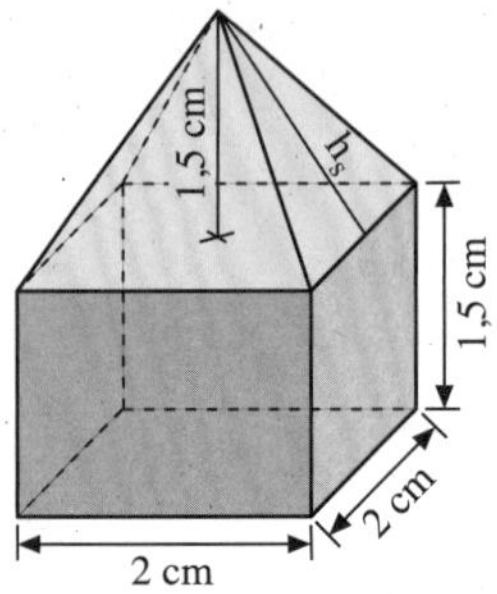

b) Berechne das Volumen des Körpers.

Ansichten:

c) Berechne die Länge von h_s.

d) Berechne den Oberflächeninhalt des Körpers.

2. Ein Silo hat die Form eines Zylinders mit angesetztem Kegel.

a) Der Behälter wird bis oben hin mit Mais gefüllt.
Berechne das Volumen in m^3.

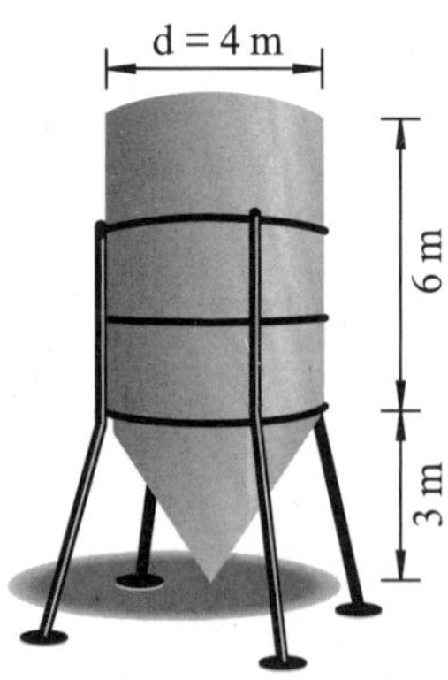

Rechnung:

Antwort: ____________________

b) Wie viel Prozent des Inhalts befinden sich im kegelförmigen Unterteil?

Antwort: ____________________

3. In den Skizzen sind Werkstücke aus Stahl dargestellt (Maße in der Zeichnung in mm).

(1)

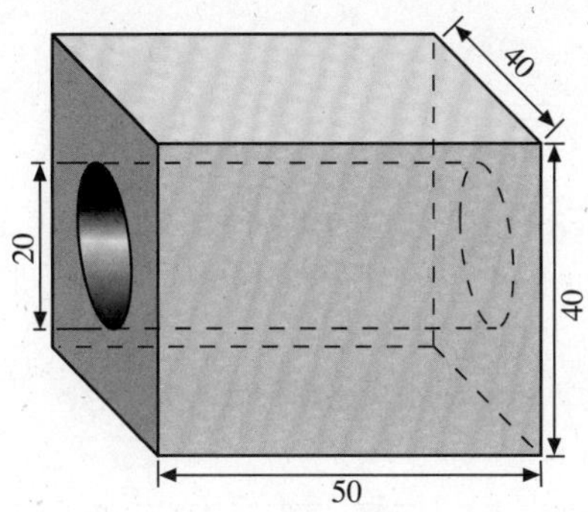

(2)

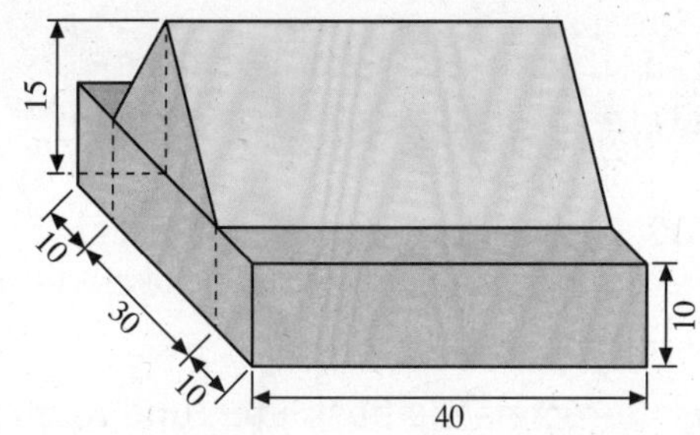

a) Zeichne ein Zweitafelbild des Werkstücks.

(1) *Zweitafelbild:*

(2) *Zweitafelbild:*

b) Wie viel wiegt das Werkstück, wenn 1 cm^3 Stahl eine Masse von 7,8 g hat?

(1) ______________________________

____

____

____

____

(2) ______________________________

____

____

____

____

7. Daten bearbeiten und kritisch prüfen

Relative und absolute Häufigkeit

1. 300 Schüler wurden befragt, ob sie zu Fuß, mit dem Fahrrad oder mit dem Bus zur Schule gekommen sind. 60 Schüler kamen mit dem Bus, 150 zu Fuß und alle anderen mit dem Fahrrad.

a) Berechne die absoluten und relativen Häufigkeiten der Befragungsergebnisse.

b) Veranschauliche die Ergebnisse in einem Streifendiagramm.

2. Die 30 Schüler der Klasse 9 der Schule „An den Obstwiesen" wurden gefragt, welche Frucht, Apfel, Banane und Mandarine, sie in der Frühstückspause bevorzugen. Die Befragung lieferte folgende Antworten:

Ergebnisse der Befragung (Urliste)

Banane	Banane	Apfel	Banane	Banane
Mandarine	Apfel	Banane	Banane	Apfel
Mandarine	Banane	Banane	Mandarine	Banane
Banane	Apfel	Apfel	Banane	Banane
Mandarine	Apfel	Mandarine	Apfel	Apfel
Apfel	Banane	Banane	Mandarine	Banane

a) Ergänze die Tabelle.

A: Fruchtart			
absolute Häufigkeit			
relative Häufigkeit			
relative Häufigkeit in Prozent			
Winkel im Kreisdiagramm			

b) Veranschauliche das Ergebnis der Befragung in einem Streifendiagramm und in einem Kreisdiagramm.

Klasseneinteilung von Daten

1. Bei einem Sportfest erreichen 50 Schüler beim Weitsprung die in der folgenden Liste angeführten Sprungweiten (in m).

3,88	4,22	4,77	4,09	4,56	4,15	4,11	4,05	4,30	3,92
3,76	3,95	4,18	4,65	3,74	3,35	4,08	3,33	3,92	4,52
4,13	3,97	3,90	3,94	3,84	4,01	3,96	4,72	3,24	3,65
4,02	4,96	3,78	3,82	3,93	4,52	4,74	3,59	4,19	4,94
4,06	4,33	4,29	4,03	3,66	3,55	3,70	4,38	3,41	3,52

a) Ergänze die Tabelle.

Klasse	3,20 m bis 3,40 m	3,40 m bis 3,60 m	3,60 m bis 3,80 m	3,80 m bis 4,00 m	4,00 m bis 4,20 m	4,20 m bis 4,40 m	4,40 m bis 4,60 m	4,60 m bis 4,80 m	4,80 m bis 5,00 m
absolute Häufigkeit									
relative Häufigkeit									

b) Zeichne ein Säulendiagramm, das die in a) berechneten relativen Häufigkeiten der Sprungweiten gut darstellt.

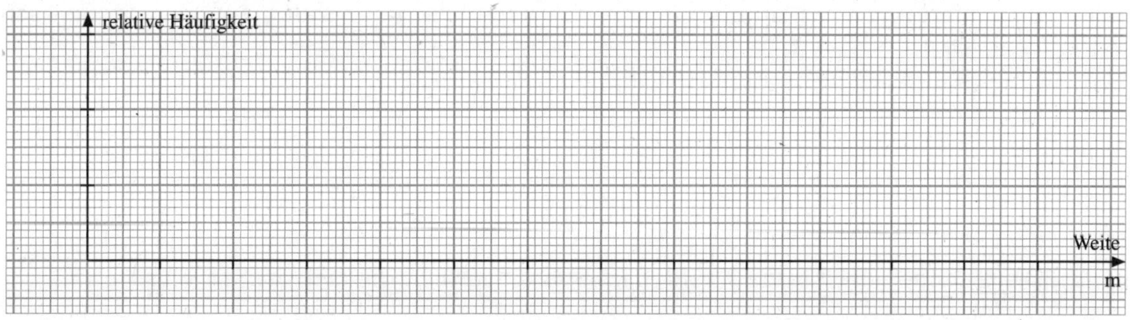

2. In einer Fabrik für Verpackungsmaterial wurde eine neue Art von Brothülle auf Wasserdampfdurchlässigkeit geprüft. Bei 50 Exemplaren fand man nach einer zweitägigen Lagerung bei 40 °C bei den verpackten Broten folgende Minderung der Masse (in g):

5,6	1,0	4,6	8,1	2,7	2,6	13,0	9,8	11,9	2,0
3,4	12,4	1,8	4,5	6,3	5,1	8,3	8,0	8,2	3,1
3,0	3,8	5,8	1,8	11,8	4,0	5,7	2,6	8,2	4,7
3,8	5,9	1,8	2,4	2,6	2,6	4,0	1,4	3,5	6,0
5,9	1,7	10,4	6,0	8,1	3,2	9,8	7,7	2,0	8,1

Klasse	0 g bis 2,5 g	2,5 g bis 5,0 g	5,0 g bis 7,5 g	7,5 g bis 10,0 g	10,0 g bis 12,5 g	12,5 g bis 15,0 g
absolute Häufigkeit						
relative Häufigkeit						

Berechne die relativen Häufigkeiten und zeichne in deinem Heft ein Diagramm.

Arithmetisches Mittel und Spannweite

1. Die Niederschlagsmenge einer Woche wurde täglich erfasst:
12 mm; 26 mm; 9 mm; 2 mm; 0 mm; 3 mm; 4 mm

a) Berechne das arithmetische Mittel der Niederschlagsmenge.

arithmetisches Mittel: ______________________________

b) Gib die Spannweite der gemessenen Niederschlagsmenge an.

Spannweite: ______________________________

2. Mit dem Echolot wird die Meerestiefe gemessen. Dazu werden Schallwellen ausgesendet, vom Meeresboden reflektiert und wieder empfangen. Am gleichen Ort durchgeführte Messungen ergaben folgende Wassertiefen (in m):

1225,8 1226,3 1226,2 866,4 1225,4 1226,8 1225,0

a) Bestimme das arithmetische Mittel und die Spannweite.

arithmetisches Mittel: ______________ Spannweite: ______________

b) Erkläre, welchen Einfluss die offensichtlich falsche Messung auf das arithmetische Mittel hat.

Antwort: ______________________________

____

3. Die Mädchen der Klasse 9 zählen im Sportunterricht die „Sit-ups" in 90 s.

28 62 34 42 42 68 72 54 46 18 90 50 18 17 62 45 30 79 22 55

a) Ergänze die Tabelle.

Anzahl „Sit-ups"	0–20	21–40	41–60	61–80	> 80
absolute Häufigkeit					
relative Häufigkeit					
Anteil (in %)					

b) Gib das arithmetische Mittel der in Klassen eingeteilten Daten an.

arithmetisches Mittel: ______________________________

c) Bestimme die Spannweite der Daten:

Spannweite: ______________________________

d) Stelle den Sachverhalt in einem Säulendiagramm und einem Kreisdiagramm in deinem Heft dar.

Statistische Erhebungen – kritisch betrachtet

1. Fliesen-Fritze ist glücklich. Sein Gewinn hat sich dank der neuen Sorte „Spanisches Gold" vervierfacht.

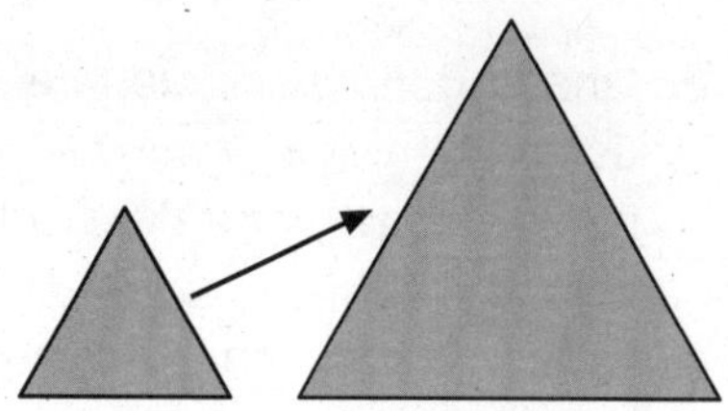

a) Lehrling Johnny zeichnet hierzu die Abbildung rechts. Ist der Sachverhalt exakt dargestellt? Begründe.

Antwort: ______________________________

____

b) Zeichne ein weiteres Fliesen-Diagramm, das den Sachverhalt besser wiedergibt.

2. Die zehn Mitarbeiter der Firma Wucher fordern eine Lohnerhöhung: „Wir arbeiten sehr hart und verdienen nur wenig."
Der Chef lehnt ab: „Ihr verdient durchschnittlich weit mehr als 2000 €."
Zur Zeit erhalten die Mitarbeiter folgende Nettolöhne:

1250 €, 950 €, 950 €, 950 €, 1200 €, 1250 €, 12 000 €, 950 €, 1000 €, 950 €

a) Bestimme das arithmetische Mittel und die Spannweite.

b) Bewerte die Aussage des Firmenchefs.

Antwort: ______________________________

____

3. Die Suprabank erhöht den Zinssatz für Spareinlagen im neuen Jahr von 2,75 % auf 3,00 %.

a) Veronique soll zum Sachverhalt ein Diagramm für die Verbraucherzentrale zeichnen.

b) Angelina soll hierzu ein Diagramm für ein Werbeplakat der Suprabank zeichnen.

Nutze verschiedene Achseneinteilungen.

Zufallsexperimente – Wahrscheinlichkeit

1. Jana und Viola schauen bei der Lottoziehung (6 aus 49) zu. Sie wetten um eine Flasche Cola.
Jana: „Ich gewinne die Wette, wenn in der nächsten gezogenen Zahl eine ‚5' oder eine ‚6' vorkommt."
Viola: „Ich gewinne, wenn in der nächsten Zahl eine ‚4' vorkommt."
Wer hat die bessere Chance?

Janas Gewinnzahlen: ______________________________

Violas Gewinnzahlen: ______________________________

Die bessere Chance hat ______________.

2. Ein Glücksrad hat die Zahlen 1 bis 60.
Gewinnregel 1: Alle Zahlen, in denen eine „1" vorkommt.
Gewinnregel 2: Alle Zahlen, in denen eine „7" oder eine „8" vorkommt.

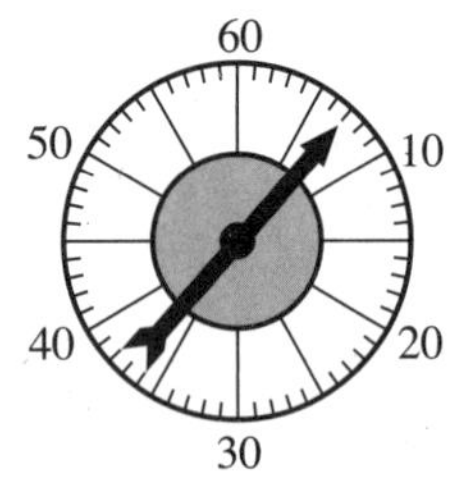

Gewinnzahlen nach Regel 1: ______________________________

____

Gewinnzahlen nach Regel 2: ______________________________

____

Die bessere Gewinnchance hat man nach Regel ____.

3. An welchem Rad würdest du spielen?

1. Glücksrad

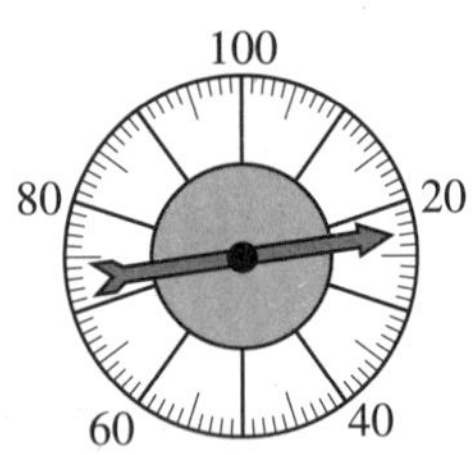

Gewinnzahlen: ______________________________

Von den 100 Zahlen auf dem Rad sind ________ Gewinnzahlen,

d. h. $\frac{\quad}{100}$ der Zahlen gewinnen.

Wahrscheinlichkeit für eine Gewinnzahl = $\frac{\quad}{100}$ = ________ %

Alle Zahlen, die am Ende eine „0" haben, gewinnen.

2. Glücksrad

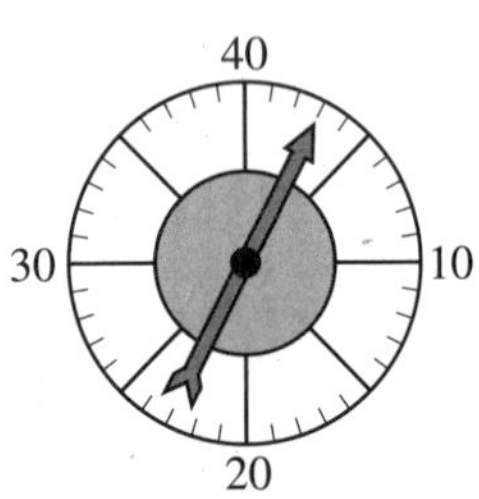

Gewinnzahlen: ______________________________

Von den 40 Zahlen auf dem Rad sind ________ Gewinnzahlen,

d. h. $\frac{\quad}{40}$ der Zahlen gewinnen.

Wahrscheinlichkeit für eine Gewinnzahl = $\frac{\quad}{40}$ = ________ %

Alle Zahlen, die durch 8 teilbar sind, gewinnen.

Die Wahrscheinlichkeit für einen Gewinn ist auf dem ________ Glücksrad größer.